Python
設計模式與開發實務

使用最新物件導向設計模式，提升你的程式碼品質

❖

To Vicki

❖

目錄

Part I　入門

Part II 建立型模式

Part IV 行為型模式

前言

當我開始學習 Python 的時候，我很訝異它竟然這麼容易學習，一開始就可以寫一些基本的程式了，我試過幾種開發環境，每個環境我都可以快速地執行簡單的程式。

Python 的語法（syntax）非常簡單，並且沒有括號或分號要記住。除了記住使用 Tab 鍵（用來完成四個空格的縮排）之外，用 Python 寫程式很容易。

但是直到我玩了幾個星期 Python 之後，我才開始看到這門語言到底有多複雜，以及您可以用它做多少事情。Python 是一種物件導向程式語言，可以很容易地建立包含自己資料的類別，不需要大量繁雜的語法。

事實上，我開始嘗試編寫一些幾年前用 Java 編寫的程式，我很訝異它們在 Python 中竟然如此簡潔。藉由強大的 IDE，避免了很多常見的錯誤。

當我意識到我可以用 Python 快速的完成很多事情時，我也覺得是時候寫一本關於可以用 Python 編寫強大程式的書了，這促使我把自己在幾年前最初編寫的 23 種經典設計模式，重新編寫為全新又簡潔好讀的版本。

成果就是這本書，它說明了物件導向程式的基礎知識、視覺化程式開發，以及如何使用所有的經典模式。您可以在 GitHub 上找到完整的程式碼：

https://github.com/jwcnmr/jameswcooper/tree/main/Pythonpatterns

本書旨在幫助 Python 軟體開發人員拓展物件導向程式設計 (OOP) 和相關設計模式的知識。

- 如果您是 Python 新手，但有其他語言的經驗，您可以先複習第 31 章到第 35 章，然後從第 1 章開始閱讀。
- 如果您有 Python 經驗，但想了解物件導向程式設計和設計模式，請從第 1 章開始。如果您願意，可以跳過第 2 章和第 3 章，直接閱讀本書的其餘部分。
- 如果您是一般程式新手，請花一些時間閱讀第 31 章到第 35 章，嘗試其中的一些程式，然後從第 1 章開始學習物件導向程式設計和設計模式。

您可能會發現 Python 是您學過最簡單的語言，也是您在設計模式中編寫物件最輕鬆的語言。您將了解它們的用途以及如何在自己的工作中使用它們。

無論如何，這些頁面中介紹的物件導向程式設計方法，可以幫助您編寫更好、可重複使用的程式碼。

本書結構

本書分為五個部分。

第一部分　入門

設計模式本質上是在描述物件如何有效地互動。本書首先在第 1 章「物件入門」中介紹物件，並提供圖像化範例來清楚地說明模式的工作原理。

第 2 章「Python 中的視覺化程式開發」和第 3 章「資料表視覺化程式設計」介紹了 Python tkinter 函式庫，它為您提供了一種以最小複雜度來建立窗口、按鈕、清單、表格等的方法。

第 4 章「什麼是設計模式？」透過探索設計模式是什麼，來開始討論設計模式。

第二部分　建立型模式

第二部分首先概述了「四人幫」命名為建立型模式的第一組模式。

第 5 章「工廠模式」描述了基本的工廠模式，它是後面三種工廠模式的簡單基礎。在本章中，您將建立一個 Factory 類別，該類別根據資料本身，來決定使用哪一個相關類別。

第 6 章「工廠方法模式」探討了工廠方法。在這種模式中，沒有一個類別決定實例化哪個子類別。事實上，父類別將實例化的決定推遲到每個子類別。

第 7 章「抽象工廠模式」討論了抽象工廠模式的內容。當想要傳回幾個相關的物件類別中的其中一個，可以使用此模式，每個類別都可以根據請求傳回幾個不同的物件。換句話說，抽象工廠是一個工廠物件，它傳回多組類別的其中一個。

第 8 章「單例模式」主要著眼於單例模式，它描述了一個類別，其中不能有多個實例。它提供對該實例的單一全域存取點。您並不會經常使用這種模式，但知道如何編寫它會很有幫助。

在第 9 章「建造者模式」中，您會看到建造者模式將複雜物件的構造與其視覺化表示分開，因此可以根據程式的需要建立幾種不同的表示。

第 10 章「原型模式」說明建立類別的實例既耗時又複雜時，如何使用原型模式。您無須建立更多實例，只需複製原始實例，並根據需要進行修改。

第 11 章「建立型模式總結」對第二部分的模式進行了總結。

第三部分　結構型模式

第三部分從對結構模式的簡短討論開始。

第 12 章「適配器模式」介紹適配器模式，該模式用於將一個類別的程式開發接口，轉換為另一個類別的程式開發接口。當您希望不相關的類別在單一程式中一起工作時，適配器很有用。

第 13 章「橋接模式」採用了類似橋接的模式，旨在將類別的介面與實作分開。這能夠在不更改客戶端程式碼的情況下更改或替換實作。

第 14 章「組合模式」深入研究了元件可能是單一物件或表示物件集合的系統，組合模式旨在適應前述這兩種情況，通常採用樹狀結構。

在第 15 章「裝飾者模式」中，我們將了解裝飾者模式，它提供了一種無須建立新衍生類別，即可修改單一物件行為的方法。儘管這可以應用於按鈕等視覺物件，但在 Python 中最常見的用途，是建立一種修改單一類別實例行為的巨集。

在第 16 章「門面模式」中，我們學習使用門面模式來編寫一個簡化的介面，以處理可能過於複雜的程式碼。本章將討論一個和多個不同資料庫的介面。

第 17 章「享元模式」描述享元模式的內容，它使您能夠藉由將一些資料移到類別外來減少物件的數量。當您有同一個類別的多個實例時，您可以考慮這種方法。

第 18 章「代理模式」介紹了代理模式，當您需要用一個更簡單的物件，來表示一個複雜或耗時的物件時，就會使用該模式。如果建立物件需要耗費大量時間或電腦資源，代理模式可以讓您推遲，直到您需要實際物件。

第 19 章「結構型模式總結」，總結了這些結構型模式的內容。

第四部分　行為型模式

第四部分概述行為型模式的內容。

第 20 章「責任鏈模式」，著重於責任鏈模式如何透過將請求從一個物件傳遞到鏈中的下一個物件直到請求被識別，從而實現物件之間的解耦。

第 21 章「命令模式」展示了命令模式如何使用簡單物件來表示軟體命令的執行。此外，此模式使您能夠支援日誌記錄和可取消的操作。

第 22 章「解譯器模式」著眼於解譯器模式，它提供了如何建立一個小的執行語言並包含在程式中的定義。

在第 23 章「疊代器模式」中，我們探討了著名的疊代器模式，它描述了在資料項集合中移動的正式方法。

第 24 章「中介者模式」介紹了重要的中介者模式。此模式定義了如何透過使用單獨的物件，來簡化物件之間的通信，讓所有物件不必相互了解。

第 25 章「備忘錄模式」，保存物件的內部狀態，以便以後恢復它。

在第 26 章「觀察者模式」中，我們將了解觀察者模式，它使您能夠定義在程式狀態發生變化時通知多個物件的方式。

第 27 章「狀態模式」描述了狀態模式，它允許物件在其內部狀態發生變化時修改其行為。

第 28 章「策略模式」描述了策略模式，它與狀態模式一樣，無須任何單一的條件語句，即可在演算法之間輕鬆切換。狀態模式和策略模式之間的區別在於使用者通常在多種策略中，選擇一種來應用。

在第 29 章「模板模式」中，我們將了解模板模式。這種模式形式化了在類別中定義演算法的想法，但留下一些細節在子類別中實作。換句話說，如果您的基礎類別是一個抽象類別，就像這些設計模式中經常發生的那樣，您使用的是模板模式的簡單形式。

第 30 章「拜訪者模式」探討了拜訪者模式，該模式在物件導向模型上扭轉局面，並建立一個外部類別，來處理其他類別中的資料。如果有少量類別的大量實例，並且您想要執行一些涉及所有或大部分類別的操作，這會很有用。

第五部分　Python 簡介

在本書的最後一部分，我們提供了 Python 語言的簡單摘要。如果您只是暫時需要熟悉 Python，這將讓您可以快速上手。它也能夠徹底指導初學者。

在第 31 章「Python 中的變數及語法」中，我們回顧了基本的 Python 變數和語法；在第 32 章「Python 中的條件判斷」中，說明了程式可以做出決策的方式。

在第 33 章「開發環境」中，我們簡要總結了最常見的開發環境。

在第 34 章「Python 中的集合和檔案」中，我們將討論陣列和檔案。

最後在第 35 章「函式」中，我們將討論如何在 Python 中使用函式。

享受編寫設計模式和學習強大的 Python 語言之來龍去脈！

致謝

我首先必須感謝已故的 John Vlissides，他是最初的「四人幫」之一，他對這些設計模式的幾個點進行了清晰的解釋。他在離我不遠的 IBM Research 工作，不介意我時不時過去聊聊模式。

我也非常感謝 Arianne Dee 和 Ausif Mahmood，以及 Vaughn Cooper 早期的支持性評論。

當然，我的編輯 Debra J. Williams 一直提供支持和創意，來幫助我完成這個專案，審稿人 Nick Cohron 和 Regina R. Monaco 也是如此。從發展的角度來看，Chris Zahn 非常棒。

我希望您和我一樣喜歡用 Python 編寫模式。

James Cooper
Wilton, CT
2021 年七月

關於作者

James W. Cooper 擁有化學博士學位，並在學術界、科學儀器行業和 IBM 工作了 25 年，主要是在 IBM 的 Thomas J. Watson 研究中心擔任電腦科學家。現在退休了，他是 20 本書的作者，其中 3 本書是關於各種語言的設計模式的。他最近的著作 是《*Flameout*：*The Rise and Fall of IBM Instruments*》(2019) 和《*Food Myths Debunked*》(2014)。

James 擁有 11 項專利，並為 *JavaPro Magazine* 撰寫了 60 篇專欄文章。他還為現已消失的 Examiner.com 撰寫了近 1,000 篇關於食品和化學的專欄，目前他還在撰寫自己的部落格：FoodScienceInstitute.com。最近，他為 Medium.com 和 Substack 撰寫了有關 Python 的專欄。

他還參與了當地的戲劇團體，並且是 Troupers Light Opera 的財務主管，並定期在那裡演出。

Part I

入門

Python 是一種易於學習的語言，主要由荷蘭電腦科學家 Guido van Rossum 於 1989 年開始開發。Van Rossum 的目標是創造一種簡單的腳本語言，不像所有的類 C 語言（C、C++、Java 和 C# 等等）那樣需要有複雜的括號和語法。

Python 非常容易閱讀和學習，因為它沒有其他語言的「語法糖」，可以直接閱讀陳述式的內容，您或許可以只透過閱讀第一個例子就理解它的內容。

```
array = [2, 5, 7, 9]
for a in array:
    print (a/2)
```

結果如下：

```
1.0
2.5
3.5
4.5
```

Python 的名字來自於英國廣播公司流行的系列劇**巨蟒的飛行馬戲團**（*Monty Python's Flying Circus*），並且可以在程式語言和一些工具中找到對演員和一些著名小品的引用，比如說，一個名為 IDLE 的簡單開發環境隨著當前 Python 版本下載。

van Rossum 在 1991 年發布了第一個版本，版號為 0.90，接著於 1994 年發布了 1.0 版本。該專案持續發展，於 2000 年發布了 2.0 版，接著在 2008 年發布了 3.0 版。版本 3 修正了該語言早期版本中的一些設計缺陷，因此與早期版本不完全兼容。van Rossum 在 2008 年卸任專案總負責人，但繼續為該語言做出貢獻。

就其核心而言，Python 是一種物件導向的語言。幾乎所有的 Python 元件實際上都是一個物件。因此，我們在第 1 章「物件入門」中介紹了物件導向程式設計，並在本書其餘部分的許多例子中使用它。

Python 的技術基礎很像 Java，語言編譯器將程式碼譯為低階的位元組碼（*byte code*）。那麼實現 Python 的問題，就相當於為這些位元組碼編寫一個解譯器（interpreter）。Windows、Mac OSX 和 Linux 平台建立了 Python 的實作。您還可以找到 AIX、AS/400s、iOS、OS/390、Solaris、VMS 和 HP-UX 平台的實作。

當您想到一種腳本語言時，可能會想到它支援相對簡單的程式開發概念。而事實上，任何具有基本程式開發技能的人，都可以輕鬆地學習 Python。但是 Python 是一種成熟的語言，它既足夠簡單，可以快速解決開發問題，也足夠複雜，可以實現物件導向程式開發、繼承（inheritance）、例外處理（exception handling）和多執行緒（multithreading）。在編寫構成本書主要部分的範例程式時，我們發現 Python 程式比我們以前用的語言寫的程式更清晰、更簡潔。

在本書的主要部分（第 5 至 30 章），將向您展示如何輕鬆地編寫 23 種最常見的設計模式，這是物件導向程式開發的基礎。這些是您在今後所有的程式開發中都能使用的工具。它們除了是編寫物件導向程式的好方法外，還展示了物件如何在保持類別之間相互獨立的同時進行交流。

如果覺得上面的範例程式碼有些令人困惑，我們在第 31 至 35 章中對 Python 進行了簡潔的介紹，然後您可以回到從第五章開始的設計模式部分。

Python 是一種不斷發展的語言，大約每年都有新的版本發布。這麼多的 Python 函式庫，沒有一本書能夠涵蓋它們。如果您想知道如何在 Python 中做一些特別的事情，或者如果您有一個無法解決的程式開發問題，網路是您的好朋友。像 stackoverflow.com 這樣的資源是無價的。

Tkinter 函式庫

許多模式都使用了 tkinter 使用者介面（GUI）函式庫。在許多情況下，這只是為了給您一個圖形化的例子，以便您能看到該模式的作用。然而，適配器（Adapter）、橋接器（Bridge）、命令（Command）和中介者（Mediator）使用 GUI 函式庫來執行它們的函式，第 2 章「Python 中的視覺化程式開發」概述了 tkinter 函式庫。

GitHub

本書中所有的範例程式都可以在 GitHub 上找到。請參照 `jwcnmr/jameswcooper/pythonpatterns`。(如果您不熟悉 GitHub，它是一個由微軟管理的免費軟體庫，用於分享程式碼；任何人都可以使用它)。

要開始使用 GitHub，請連至 GitHub.com 並點擊 Sign Up 註冊。您將需要建立一個使用者 ID 和密碼，並提交一個電子郵件地址進行驗證，然後您就可以搜尋任何程式碼倉庫（如 `jameswcooper`），並下載任何想要的程式碼。網站上還有一份完整的手冊。本書範例的完整路徑是 https://github.com/jwcnmr/jameswcooper/tree/main/Pythonpatterns。

本書中的所有例子都是用 Python 3.9 編譯的，並從 PyCharm 或 Thonny 開發環境中剪貼過來的。

接著我們討論物件和模式。

第 1 章

物件入門

類別（Class）在 Python 中占有重要地位，也是物件導向（object-oriented programming）的重要元素，有些書籍將類別放在較後面的章節，但因為幾乎整個 Python 中的元件（component）都是物件，本書會在一開始就介紹它們，不要跳過這個部分，因為後面每一章都會用到。

幾乎所有 Python 中的元件（component）都是物件。

- 物件包含資料（data），而且有方法可以存取並改變資料。

舉例來說，字串（strings）、串列（lists）、元組（tuples）、集合（sets）和字典（dictionaries）都是物件，複數也是物件。他們都有一個函式（function）叫做**方法**（*method*），可以讓您存取或者是改變資料的值。

```
list1 = [5, 20, 15, 6, 123] # 建立一個list
x = list1.pop()             # 移除最後加入的值, x =123
```

這就是使用常見 Python 物件的方式，但是要怎麼有自己的物件呢？

- 類別使您可以建立新物件。

一個類別（Class）可能看起來有點像函式（function），它們最大的不同在於類別可以有多個**實例**（*instances*），每個實例包含不同的資料，類別可以包含許多函式，每個函式存取該實例類別上的資料，每個類別的實例通常被稱為**物件**（*object*），每個函式通常被稱為**方法**（*method*）。

很多時候，我們用類別來表示真實世界的概念，像是商店、客戶和銀行。請使用一個可以描述物件的類別名稱，而不是類似可愛的 `Dog` 類別，讓我們建立一個包含有用名稱的類別來描述員工，我們的 `Employee` 類別，包含員工的姓名、薪水、福利以及員工編號。

```
class Employee():
    def __init__(self, frname, lname, salary):
        self.idnum: int          # 占位
        self.frname = frname     # 儲存名稱
        self.lname = lname
        self._salary = salary    # 儲存薪水
        self.benefits = 1000     # 儲存福利

    def getSalary(self):         # 取得薪水
        return self._salary
```

每個員工的值都是在 _init_ 方法中設定的，當我們建立 Employee 類別時，該方法會自動調用，self 前綴代表想存取該實例類別中的變數，同一個類別中不同實例的同一變數可以有不同的值，在同一個類別中，可以使用 self 前綴來存取所有的變數和方法。

類別 __init__ 方法

當建立一個類別的實例時，只需建立一個變數，並傳入參數：

```
fred = Employee('Fred', 'Smythe', 1200)
sam  = Employee('Sam', 'Snerd', 1300)
```

變數 fred 和 sam 是 Employee 類別中的*實例*，有指定的值給 name 和 salary，我們可以建立同樣的 Employee 實例類別，每個都對應到一個員工。

- 一個類別可以有很多實例，每個實例都有不同的值。
- 每個實例也可以稱為一個*物件*。
- 類別中的函式稱為*方法*。

類別中的變數

Employee 類別包含變數 first name、last name、salary、benefits 以及 ID number，我們用 getSalary 方法，但是為什麼不直接存取它呢？在很多相似的語言中，類別中的變數是私有（private）或隱藏的，所以您需要一個存取方法（accessor method）

去取出這些值，不過 Python 讓您可以做任何想做的事，您不需要使用 getSalary 或是一個屬性（property），可以撰寫：

```
print(fred._salary)
```

來直接取得它的值，那為什麼還需要使用存取子函式（accessor function）呢？部分是為了強調類別中的變數是私有的，實例可能會改變，但存取子函式將保持不變。而且，在某些情況下，存取子函式傳回的值可能必須在那個時候計算出來。

有一個 Python 的約定，使用雙底線開頭命名這些私有變數，約定主要強調您不打算直接存取它，這讓他們更難不小心輸入值。很多開發環境，像是 PyCharm，在您輸入

```
fred.
```

的時候甚至都不會提示這些變數的存在，查看可能出現的變數和方法時，帶有雙底線開頭的變數和方法不會顯示，如果您堅持的話，還是可以存取它們，這只是一個約定，不是一個強制的語法要求。

類別的集合

現在讓我們想想如何將這些 Employee 類別存起來，您可能會放在資料庫中，不過在程式中，使用某種集合似乎是個好主意。我們將定義一個 Employee 類別，將員工（employees）保存在字典（dictionary）中，每個人都有自己的 ID，它看起來像這樣：

```
# 包含員工字典，以 ID 為鍵值
class Employees:
    def __init__(self):
        self.empDict = {}      # 員工字典
        self.index = 101       # 起始編號

    def addEmployee(self, emp):
        emp.idnum = self.index  # 設定 ID
        self.index += 1         # 移至下個 ID
        self.empDict.update({emp.idnum: emp}) # 加入
```

在上面的 Employee 類別中，我們建立了一個空字典和一個起始 ID 編號，每次我們將一個員工加到該類別中時，它會增加索引值。

我們在名為 HR 的外部類別中建立類別：

```
# 建立 Employees 集合
class HR():
    def __init__(self):
        self.empdata = Employees()
        self.empdata.addEmployee(
                   Employee('Sarah', 'Smythe', 2000))
        self.empdata.addEmployee(
                   Employee('Billy', 'Bob', 1000))
        self.empdata.addEmployee(
                   Employee('Edward', 'Elgar', 2200))

    def listEmployees(self):
        dict = self.empdata.empDict
        for key in dict:
            empl= dict[key] # 取得實體
            # 印出它們
            print (empl.frname, empl.lname,
                                 empl.salary)
```

- 您可以將類別實例，保留在其他類別中。

繼承（Inheritance）

繼承是物件導向程式設計中另一個強大的工具，不僅可以在同一個類別中，建立不同實例，還可以建立**衍生類別**（*derived classes*），這些新類別具有父類別的所有屬性以及添加的任何其他屬性，但是請注意，衍生類別的 __init__ 方法必須調用父類別的 __init__ 方法。

在一個真正的公司中，我們可能還有其他類型的員工，包括有領取報酬（相同或更少）、但沒有獲得福利的員工。與其建立一個全新的類別，我們不如從 Employee 類別衍生一個新的 TempEmployee 類別。新類別的方法都一樣，所以不必重新編寫程式碼，只需要寫那些新的部分。

```
# 臨時工沒有福利
class TempEmployee(Employee):
    def __init__(self, frname,lname, idnum):
        super().__init__(frname, lname, idnum)
        self.benefits = 0
```

使用修改後的方法建立的衍生類別（Derived Classes）

您可以在物件導向程式中使用的一個技巧是建立衍生類別，其中一個或多個方法做的事情略有不同，這稱為多型（*polymorphism*），這是一個價值 50 美元的單字，用於改變新類別的形狀。

例如，我們可以從名為 Intern 的類別中建立另一個類別。實習生沒有福利且工資低。因此，我們編寫了一個新的衍生類別，它的 setSalary 方法檢查工資以確保它不超過上限。（當然，我們真的不認為這是一個好主意。）

```
# 實習生沒有福利，並且薪水比較少
class Intern(TempEmployee):
    def __init__(self, frname, lname, sal):
        super().__init__(frname, lname, sal)
        self.setSalary(sal) # 薪水上限

    # 限制實習生薪水
    def setSalary(self, val):
        if val > 500:
            self._salary = 500
        else:
            self._salary = val
```

多重繼承（Multiple Inheritance）

與 Java 和 C#（但與 C++ 相似）不同，Python 能夠建立從多個基礎類別繼承的類別。這可能看起來很令人困惑，但大多數人建立了一個類別層次結構，其中一些類別可能具有與其他類型的類別相同的一兩個方法。我們稍後會在第 21 章「命令模式」中看到，我們常常以這種方式使用命令（Command）類別。

假設我們的一些員工是優秀的公開演講者。我們可以建立一個單獨的類別，表明他們可以被邀請進行演講，並且可以因此獲得獎勵。

```
# 代表公開演講者的類別
class Speaker():
    def inviteTalk(self):
        pass
    def giveTalk(self):
        pass
```

這個例子暫時省略了實作細節，但是我們可以建立一個新的 Employee 衍生類別，該類別也衍生自 Speaker：

```
class PublicEmployee(Employee, Speaker):
    def __init__(self, frname, lname, salary):
        super().__init__(frname, lname, salary)
```

現在我們可以在每個類別中建立一組員工：

```
class HR():
    def __init__(self):
        self.empdata = Employees()
        self.empdata.addEmployee(
                    Employee('Sarah', 'Smythe',2000))
        self.empdata.addEmployee(
                    PublicEmployee('Fran', 'Alien',3000))
        self.empdata.addEmployee(
                    TempEmployee('Billy', 'Bob', 1000))
        self.empdata.addEmployee(
                    Intern('Arnold', 'Stang', 800))

    def listEmployees(self):
        dict = self.empdata.empDict
        for key in dict:
            empl= dict[key]
            print (empl.frname, empl.lname,
                    empl.getSalary())
```

請注意，雖然其中三個是衍生類別，但它們仍然是 Employee 物件，您可以像上面一樣列出它們。

- 衍生類別允許您建立具有不同屬性或計算（computation）的相關類別。

畫一個矩形和一個正方形

我們來看看最後一個繼承（inheritance）範例，這個例子是用 Canvas 這個物件的函式（function）來畫出一個矩形及一個正方形，Canvas 是 tkinter 函式庫的視覺物件，我們會在之後的章節繼續使用它，現在我們用 Canvas 的 create_rectangle 方法來畫一個矩形。

create_rectangle 方法有四個參數（x1,y1,x2,y2），不過我們現在要建立一個使用（x,y,w,h）的方法，讓轉換在名為 Rectangle 的類別中進行。

```
# 在畫布 (canvas) 上繪製矩形
class Rectangle():
    def __init__(self, canvas):
        self.canvas = canvas  # 複製 canvas 的參考

    def draw(self, x, y, w, h):  # 畫矩形
        # 使用 x1,y1, x2,y2 畫矩形
        self.canvas.create_rectangle(x, y, x+w, y+h)
```

結果如圖 1.1。

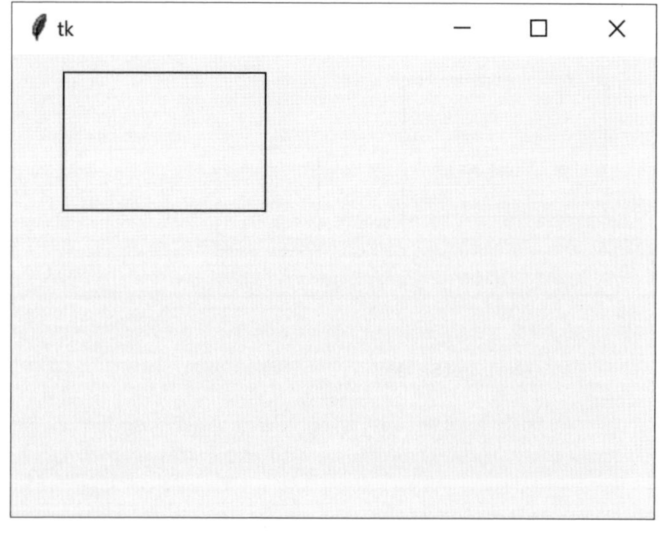

圖 1-1　在畫布上畫一個矩形

假設我們接著要畫一個正方形，我們可以有一個類別（Square）來繼承矩形（Rectangle）類別，快速地畫出正方形：

```
# Square 繼承自 Rectangle
class Square(Rectangle):
    def __init__(self, canvas):
        super().__init__(canvas)

    def draw(self, x, y, w):
        super().draw( x, y, w, w) # 畫一個正方形
```

現在我們將正方形的邊長輸入 Rectangle 兩次，一次是寬度，一次是高度。

```
def main():
    root = Tk()                   # 圖形函式庫
    canvas = Canvas(root)         # 建立一個 Canvas 實例
    rect1 = Rectangle(canvas)     # 加入一個矩形
    rect1.draw(30, 10, 120, 80)   # 繪製矩形

    square = Square(canvas)       # 建立一個正方形
    square.draw(200, 50, 60)      # 繪製正方形
```

結果如圖 1.2 所示。

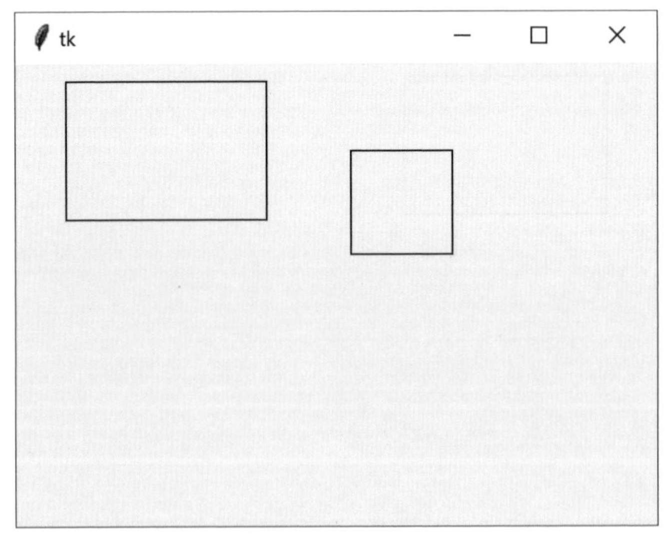

圖 1-2　畫面上一個矩形和一個正方形，皆繼承自 rectangle

變數的可見性

Python 程式中變數的可見性有四個級別：

- 全域變數（不明智）
- 類別裡面的變數
- 類別程式碼中的實例變數
- 區域變數僅在函式內（其他地方不可見）

想想看這個簡單程式的開頭：

```
""" 變數存取範例 """
badidea = 2.77 # 全域變數

class ShowData():
    localidea = 3.56      # 類別變數

    def __init__(self):
        self._instvar = 5.55  # 實例變數
```

全域變數 badidea 可以被任何類別中的任何函式存取，更糟糕的是，它可以被程式的任何部分*修改*。人們有時將全域變數用於常數，但使用類別變數更容易控制且不易出錯。

在前面的範例中，localidea 是類別最上方的變數，但不是類別中任何方法的一部分。該類別的成員和其他類別的成員，可以透過類別名稱和變數名稱來存取它：

```
print(ShowData.localidea)
```

他們也可以更改它，但這可能不是一個好習慣。

實例變數對於類別的每個實例都是唯一的，並且是藉由在變數名稱前加上 self 前綴來建立的。

```
def __init__(self):
    self._instvar = 5.55  # 實例變數
```

透過建立一個變數 _instvar，我們表達了不應在類別外部存取該變數。如果嘗試用以下方式存取它，各種開發環境都會警告您。

```
print (ShowData._instvar)
```

取得這些實例變數的常用方法是使用 getter 和 setter 方法：

```
# 回傳實例變數
def getInstvar(self):
     return self._instvar

# 設定值
def setInstvar(self, x):
    self._instvar = x
```

屬性（Property）

您還可以使用屬性裝飾器（property decorator）來取得和儲存實例變數：

```
# getters 和 setters 可以保護
# 實例變數的使用
    @property
    def instvar(self):
        return self._instvar


    @instvar.setter
    def instvar(self, val):
        self._instvar = val
```

這些裝飾器能夠用方法來存取或更改實例變數，在值可能超出範圍時保護實際值。

```
print(sd.instvar)        # 使用 getter
sd.instvar = 123         # 使用 setter 去更改
```

區域變數

類別中函式內的變數僅存在於該函式內。例如以下範例 x 和 i 都是本地的，只在該函式內，不能在它之外存取：

```
def addnums(self):
    x = 0                    # i 和 x 是本地的
    for i in range(0, 5):
        x += i
    return x
```

Python 中的型別

Python 中的變數是在執行階段動態輸入的，而不是事先聲明型別。Python 從分配給變數的值推斷型別，當型別有衝突時，有時會導致執行階段問題。這種方法稱為鴨子型別，基於古老的格言，「如果它看起來像鴨子，叫起來像鴨子，那就是鴨子。」

在 3.8 版中，Python 添加了 *type hints* 來告訴靜態型別檢查預期的型態。靜態型別檢查不是 Python 本身的一部分，但大多數開發環境（例如 PyCharm）會自動執行它，並提示可能的錯誤。

您可以宣告並傳回每個參數的型別，如下所示：

```
class Summer():
    def addNums(self, x: float, y: float) ->float:
        return x + y
```

更令人驚豔的是，可以擁有兩個或多個名稱相同但參數不同的函式：

```
    def addNums(self, f: float, s: str)->float:
        fsum = f + float(s)
        return fsum
```

Python 將根據參數調用正確的函式，無論是放入兩個浮點數，還是一個浮點數和一個字串：

```
sumr = Summer()
print(sumr.addNums(12.0, 2.3))
print(sumr.addNums(22.3, "13.5"))
```

然後印出來：

```
14.3
35.8
```

這稱為**多型**（*polymorphism*），原意為採取不同形式的能力。在這裡代表可以擁有多個名稱相同但參數不同的方法，您可以根據選擇的參數調用需要的方法。這個特性在 Python 中普遍使用。

但是，如果調用 `addNums(str, str)`，會發現 PyCharm 和其他型別檢查器將此標記為錯誤，因為沒有這樣的方法，會收到以下錯誤訊息：

```
Unexpected types (str, str)
```

總結

本章涵蓋了物件導向程式設計的所有基礎知識，所以這裡做個總結：

- 可以使用 `class` 關鍵字跟大寫的類別名稱來建立類別。
- 類別包含資料，一個類別的每個實例可以保存不同的資料。這就是所謂的**封裝**。
- 可以建立從其他類別衍生的類別。在類別名稱後面的括號中，指示新衍生類別的類別名稱，這稱為**繼承**。
- 可以建立一個衍生類別，其方法在某種程度上不同於基礎類別。這稱為**多型**。
- 也可以建立包含其他類別的類別。我們將在下面看到一個範例章節。

Github 範例程式碼

記得您可以在 GitHub 上的 jameswcooper/pythonpatterns 找到所有範例。

- BasicHR.py：包含沒有衍生類別的 `Employees`
- HRclasses.py：包含兩個衍生類別
- Speaker.py：包含 `Speaker` 類別
- Rectangle.py：繪製正方形和矩形
- Addnumstype.py：多型函式調用

如果您不熟悉 GitHub，它是一個免費的軟體儲存庫，用於共享任何人都可以使用的程式碼。要開始使用，請打開瀏覽器，並輸入 GitHub.com，再點擊 Sign Up 註冊。您將需要建立使用者帳號和密碼，並提交電子郵件地址以進行驗證。之後您可以搜尋任何程式碼倉庫（比如 jameswcooper），並下載想要的程式碼，該網站上也有完整的手冊。

登錄後，您也可以直接在這找到範例：
https://github.com/jwcnmr/jameswcooper/tree/main/Pythonpatterns。

第 2 章

Python 中的視覺化程式開發

您可以使用 Python 提供的 tkinter 工具包製作非常漂亮的視覺化介面。它提供了用於建立視窗、按鈕、radio button、checkbox、輸入欄位、listbox、combobox 和許多其他有用的視覺化小元件的工具。

要使用 tkinter 函式庫，必須告訴程式導入這些工具：

```
import tkinter as tk
from tkinter import *
```

先像這樣設置視窗：

```
# 設定視窗
root = tk.Tk()                # 取得視窗
```

使用以下命令建立一個 Hello 按鈕：

```
# 建立 Hello 按鈕
slogan = Button(root,
                text="Hello",
                command=disp_slogan)
```

再放進版面配置（layout）：

```
slogan.pack()
```

命令參數是指 Message Box 的函式 `write_slogan`：

```
# 在 message box 中寫口號
def disp_slogan():
    messagebox.showinfo("our message",
                        "tkinter is easy to use")
```

然後我們的另一個按鈕被標記為 Quit。您可以使用與 Hello 按鈕相同的方式來建立它：

```
# 建立寫有 red 文字的離開按鈕
button = Button(root,
                text="QUIT",
                fg="red",
                command=quit)
button.pack()
```

此按鈕中的命令參數只是調用 Python 內建的 quit 函式。請注意，當您將函式名稱放在命令參數中時，請省略括號，否則它會立即被調用。

添加 quit 函式是為了便於學習 Python，但它並不總是會完整的退出。您應該改為調用 sys.exit。

Hellobuttons.py 的結果和 Message Box，如圖 2-1 所示。

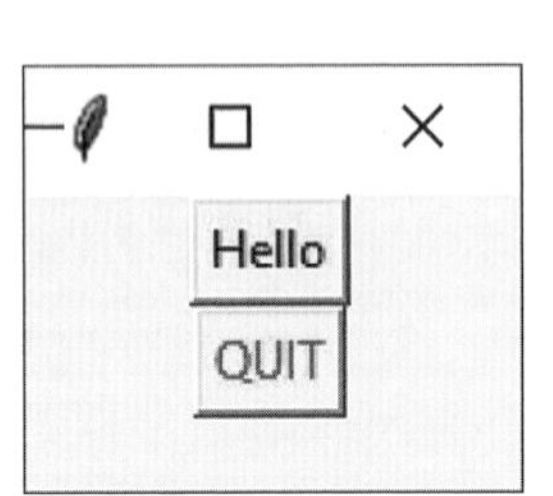

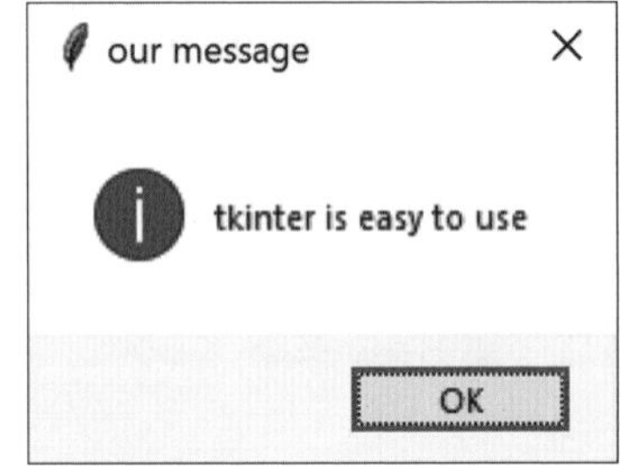

圖 2-1 兩個按鈕和一個 Message Box 視窗

如果我們把視窗放大一點，pack 版面配置（layout）函式可以讓這個視窗看起來更好看：

```
root.geometry("100x100+300+300")      # x, y 視窗
                                      # 大小和位置
```

為了進一步增強視窗，可以在左側放置一個按鈕，在右側放置一個按鈕，並在按鈕之間添加 10 像素的邊距：

```
slogan.pack(side=LEFT, padx=10)
button.pack(side=RIGHT, padx=10)
```

最後視窗如圖 2-2 所示。

圖 2-2　使用 pack 版面配置並排的兩個按鈕

導入較少的名稱

import 語句導入 tkinter 函式庫中的所有名稱。

```
from tkinter import *
```

但是您的程式可能只需要少數幾個名稱。這可能會讓您想嘗試建立一個與其他 tkinter 物件同名的變數。import 語句還將 tkinter 函式庫中的所有函式，都加載進開發環境。可以理解的是，您可能只想導入預計使用的那些函式庫：

```
from tkinter import Button, messagebox, LEFT, RIGHT
```

如果使用的是 PyCharm，它可以幫助您做到這一點。刪除 import * 語句，PyCharm 將突出顯示它無法識別的名稱。點擊每個名稱，PyCharm 將建議要導入的名稱。這非常的快，因為通常只需執行三到四次，即可導入所有帶底線的名稱。

建立一個物件導向版本

建立這兩個按鈕（其中一個調用外部函式）的想法似乎不優雅，並且可能會造成混淆。事實上，如果按鈕點擊調用的函式是 Button 類別的一部分會更好。我們在下面的 Derived2Buttons.py 中這樣做。

為此，我們需要衍生一個新的 Button 類別，其中包含命令方法。最簡單的方法是建立一個 DButton 類別，該類別繼承所有 Button 行為，但也有一個 comd 方法。

```
# 來自 Button 的衍生類別包含空的 comd 函式
class DButton(Button):
    def __init__(self, root, **kwargs):
        super().__init__(root, kwargs)
        super().config(command=self.comd)

    # 子類別調用抽象方法
    def comd(self):
        pass
```

comd 方法是空的，但是我們將從它衍生 OK 和 Quit 按鈕類別。pass 關鍵字的意思是「繼續，但什麼也不做」。但是請注意，我們藉由：

```
command=self.comd
```

到父類別。這本質上是一個抽象方法，因為它不做任何事情，但衍生類別會填入它。因此可以將 DButton 視為一個**抽象類別**。

可能令人困惑的另一件事是 __init__ 方法包含對 **kwargs 的引用。這是從 C 中借用的語法，表示以字典形式指向名稱一值對（name-value pairs）陣列的指標。該字串陣列包含可以傳遞給父類別 Button 的所有配置參數。在建立任何 tkinter 小元件的衍生類別時，使用完全相同的語法。

現在「實際」的 OKButton 類別衍生自 DButton，並填寫「實際」的命令方法：

```
# 衍生自 DButton 並且帶有實際的 OK comd
class OKButton(DButton):
    def __init__(self, root):
        super().__init__(root, text="OK")

    def comd(self):
        messagebox.showinfo("our message",
                            "tkinter is easy to use")
```

這裡發生的事情很酷。Button 基礎類別知道調用一個名為 comd 的函式，但該函式僅填入在衍生的 OKButton 類別中；而且它調用的就是這段程式碼，即使 OKButton 沒有告訴父類別。父類別的抽象 comd 方法替換為 OKButton 類別中的實際 comd 方法。

以類似的方式，我們可以建立同樣從 DButton 衍生的 QuitButton 類別，它有自己不同的 comd 方法：

```
# 衍生自 DButton 調用 Quit 函式
class QuitButton(DButton):
    def __init__(self, root):
        # 也設定 Quit 為紅色
        super().__init__(root, text="Quit", fg="red")

    # 調用 quit 函式並離開程式
    def comd(self):
        quit()
```

這簡化了 UI 的設置，因為現在大部分工作都在衍生類別中完成：

```
def buildUI():
    root = tk.Tk()  # 取得視窗
    root.geometry("100x100+300+300")  # x, y 視窗

    # 建立 Hello 按鈕
    slogan = OKButton(root)
    slogan.pack(side=LEFT, padx=10)

    # 建立有紅字的離開按鈕
    button = QuitButton(root)
    button.pack(side=RIGHT, padx=10)

    # 開始執行 tkinter 迴圈
    root.mainloop()
```

根據您的偏好，還可以將兩個 pack 方法調用移入衍生類別，並移出 buildUI 函式。

```
class OKButton(DButton):
    def __init__(self, root):
        super().__init__(root, text="OK")
        self.pack(side=LEFT, padx=10)
```

使用 Message Box

有幾個對於 Message Box 物件的調用，會產生略為不同的顯示畫面。函式 showwarning 和 showerror 顯示更嚴重情況的特殊圖示，如圖 2-3 所示。

```
messagebox.showwarning("Warning", "file not found")
messagebox.showerror("Error", "Division by zero")
```

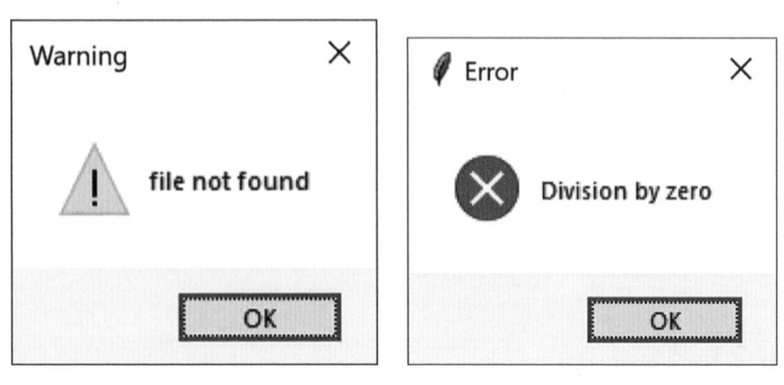

圖 2-3　警告和錯誤 Message Box

您也可以使用 askquestion、askyesnocancel、askretrycancel、askyesno 和 askokcancel。這些函式傳回 True、False、None、OK、Yes 或 No 的子集，如圖 2-4 所示。

```
result = messagebox.askokcancel("Continue", "Go on?")
result= messagebox.askyesnocancel("Really", "Want to go on?")
```

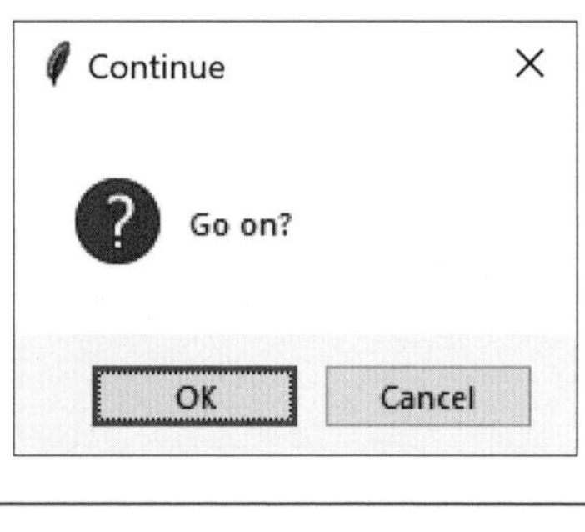

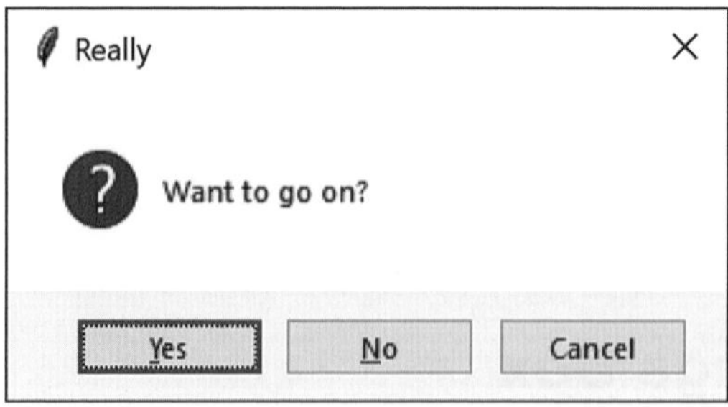

圖 2-4　Message Box 的 askokcancel 和 askyesnocancel

所有這些 Message Box 和隨後的 filedialog，在 Messageboxes.py 中都有說明。

使用檔案對話框

如果要在程式中打開一個或多個檔案，可以使用 filedialog。

```
from tkinter import filedialog
# 打開一個檔案
fname =filedialog.askopenfilename()
print(fname)

# 選擇幾個檔案 - 回傳一個元組
fnames =
   filedialog.askopenfilenames(
         defaultextension="*.py")
print(fnames)
```

如果點擊取消，第一個對話框將傳回您在對話框中選擇的檔案的完整路徑或空字串。第二個對話框傳回您選擇的檔案的元組（tuple）或空元組。類似的 asksaveasfile 會打開另存檔案對話框。

了解 pack 版面配置管理器的選項

儘管 pack 版面配置有些限制，但有很多常見問題，可以使用 pack() 和許多版面配置選項很好地解決：

fill=X fill=Y fill=BOTH	拖曳小元件以填滿 X 方向、Y 方向或是兩個方向。
side=LEFT side=RIGHT	將小工具置於框的左側或右側。
expand=1	將剩下的空間分配給所有值不是 0 的小元件。
anchor	小元件在 packing box 中的位置，選項有 CENTER(預設)、N、S、E、W，或相連的組合，如 NE。
padX=5,pady=5	加入邊框間距的 pixel 數量。

以下 packoptions.py 的簡單範例中，說明如何使用這些版面配置選項。兩行小元件裡的每一行都設置在自己的框架中。

這是第一列：

```
frame1 = Frame()        # 第一列
frame1.pack(fill=X)     # 填滿所有的 X

lbl1 = Label(frame1, text="Name", width=7) # 加入一個標籤
lbl1.pack(side=LEFT, padx=5, pady=5)    # 在左邊
entry1 = Entry(frame1)                  # 加入一個文字輸入框
entry1.pack(fill=X, padx=5, expand=True)
```

這裡是第二列：

```
frame2 = Frame()        # 第二列
frame2.pack(fill=X)

lbl2 = Label(frame2, text="Address", width=7) # 標籤
lbl2.pack(side=LEFT, padx=5, pady=5)
entry2 = Entry(frame2)                    # 第二個文字輸入框
entry2.pack(fill=X, padx=5, expand=True)
```

圖 2-5 顯示結果視窗。

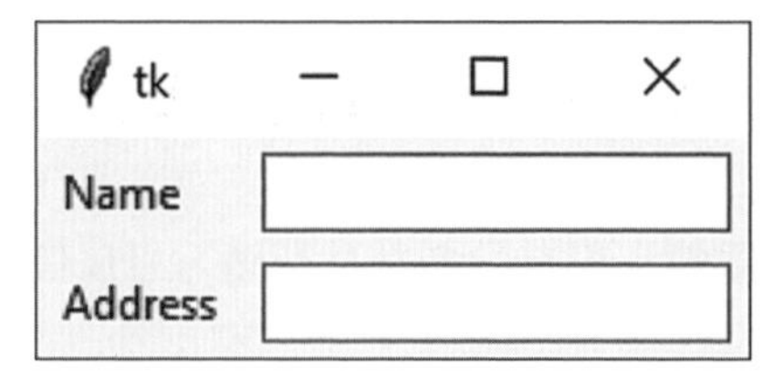

圖 2-5　使用 expand=TRUE、填滿 X 和 padX=5 的 pack 版面配置

使用 ttk 函式庫

tkinter 函式庫直接連接到已移植到大多數平台的底層 tk 視窗工具包。最近添加了 tkinter.ttk 工具包，它在某些情況下提供了更好看的小元件，並將圖形與邏輯功能分開。ttk 工具包包括改寫的 Button、Checkbutton、Entry、Frame、Label、LabelFrame、Menubutton、PanedWindow、Radiobutton、Scale 和 Scrollbar 程式碼。

此外，ttk 工具包包括額外的小元件 Combobox、Notebook、Progressbar、Separator、Sizegrip 和 Treeview。

要使用較舊的 tkinter，請將此程式碼添加到程式的開頭：

```
import tkinter as tk
from tkinter import Button, messagebox, LEFT, RIGHT
```

要使用較新的小元件集，請添加以下程式碼：

```
import tkinter as tk
from tkinter import messagebox, LEFT, RIGHT
from tkinter.ttk import Button
```

這用相等的 ttk 小元件替換了原始的 tk 小元件。如果您想使用 Combobox 或 Treeview，值得切換到 ttk 工具包。（我們還發現早期的 pack 範例使用 ttk 套件，對齊得稍微好一些。）

不幸的是，必須進行一些程式碼更改才能使用 ttk 函式庫。最重要的是 fg 或 foreground（以及 bg 或 background）選項不再是建立新 Label 或 Button 類別的調用參數的一部分。而是在樣式表中建立一個項目。

```
Style().configure("W.TButton", foreground="red")
super().__init__(root, text="Quit", style="W.TButton")
```

樣式名稱不能隨意取名：對於按鈕，後綴必須是 TButton；對於標籤，它必須是 TLabel。但是可以在句點之前為名稱添加任何前綴。

回應使用者輸入

在第 31 章「Python 中的變數和語法」的介紹教材中，我們使用 input 語句，來取得在控制台中輸入的字串。您可以透過使用 tkinter GUI 中的 Entry 欄位，來做很多相同的事情。本節在簡單的 tkinter 視窗中展示這些範例。

我們的第一個例子是輸入您的名字，它會說您好，在這個過程中向海因萊因（Heinlein）致敬。tkinter 程式做同樣的事情（見圖 2-6）。

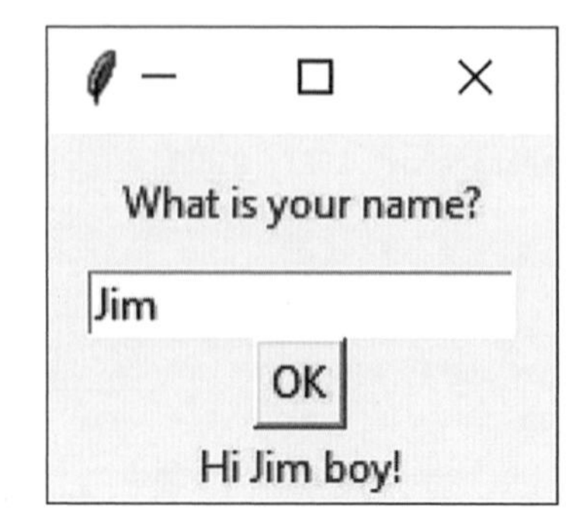

圖 2-6　Hello name 範例

這個程式的程式碼 Yourname.py 建立了兩個標籤、輸入欄位和 OK 按鈕：

```
def build(self):
    root = tk.Tk()
    # 最上方的標籤
    Label(root,
         text="""What is your name?""",
         justify=LEFT, fg='blue', pady=10, padx=20).pack()

    # 建立輸入欄位
    self.nmEntry = Entry(root)
    self.nmEntry.pack()

    # 當點擊時 OK 按鈕調用 getName
    self.okButton = Button(root, text="OK", command=self.getName )
    self.okButton.pack()

    # 這是更改文字的標籤
    self.cLabel = Label(root, text='name', fg='blue')
    self.cLabel.pack()
    mainloop()
```

OK 按鈕調用 getName 方法，該方法從輸入欄位中取得文字，並插入底部的標籤文字中。

```
# 取得輸入欄位文字
# 將它放到 cLabel 文字欄位

def getName(self):
   newName = self.nmEntry.get()
   self.cLabel.configure(text="Hi "+newName+" boy!")
```

兩數相加

我們的第二個範例 Simplemath.py 是從第 31 章中的範例重寫的，它讀取兩個輸入欄位，將它們轉換為浮點數，並將總和放在最下面的標籤中（見圖 2-7）。

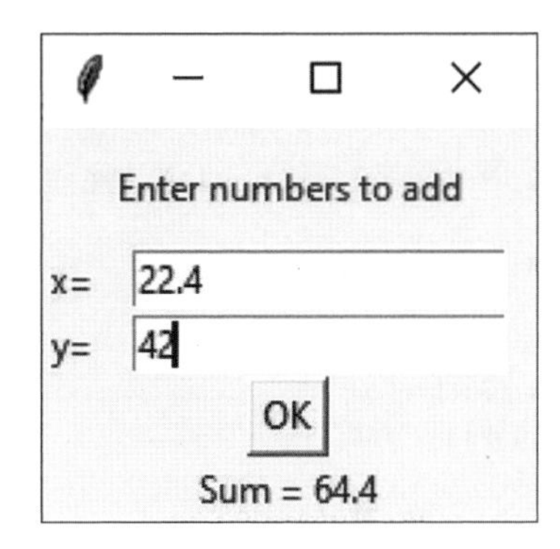

圖 2-7　兩數相加

這個視窗的程式碼大致相同，只是取得並加總兩個數字。這是 OK 按鈕調用的函式：

```
xval= float(self.xEntry.get())
yval = float(self.yEntry.get())
self.cLabel.configure(text="Sum = "+str(xval+yval))
```

捕捉錯誤

但是，如果輸入一些非法的非數字值，可以捕捉例外並發出錯誤訊息：

```
try:
    xval= float(self.xEntry.get())
    yval = float(self.yEntry.get())
    self.cLabel.configure(
        text="Sum = "+str(xval+yval))
except:
    messagebox.showerror("Conversion error",
                         "Not numbers")
```

在 tkinter 中應用顏色

tkinter 中命名的顏色是白色、黑色、紅色、綠色、藍色、青色、黃色和洋紅色（magenta）。還可以使用十六進制值產生所需的任何顏色，可以是 #RGB 或 #RRGGBB 或更長的 12 位和 16 位字串。例如，紅色是 #f00，紫色是 #c0f。每個數字都可以是從 0 到 f 的任意位置，對應 0 到 15 之間的數字。

因此在 ttk 工具包中，帶有紅色字體的退出按鈕是這樣寫的：

```
class QuitButton(DButton):
    def __init__(self, root):
        # 設定 Quit 為紅色
        Style().configure("W.TButton",
                          foreground="red")
        super().__init__(root,
                text="Quit",style="W.TButton")
        self.pack(side=RIGHT, padx=10)

    # 調用並離開函式，程式結束
    def comd(self):
        quit()
```

建立 Radio Button

Radiobutton 小元件以汽車收音機上的一系列按鈕命名。當它們還是實體的實心按鈕時，這五六個按鈕讓您可以在開車時選擇不同的電台。但是現在收音機元件可能是觸控螢幕，按鈕設計仍然存在，每個螢幕大約有六個選項，並且可以透過某種方式，從其他來源轉移到其他集合。

Radiobutton 的想法是只允許一個選擇，因此當您點擊一個按鈕時，其他按鈕選擇都會關閉。圖 2-8 為 radiobuttons.py 中的一個簡單範例。

當您點擊查詢按鈕時，程式碼會查看選擇了哪個按鈕，並繼續執行程式。如果要取得實體按鈕而不是 Radiobutton，也可以將參數 *indicatoron* 設置為 0。

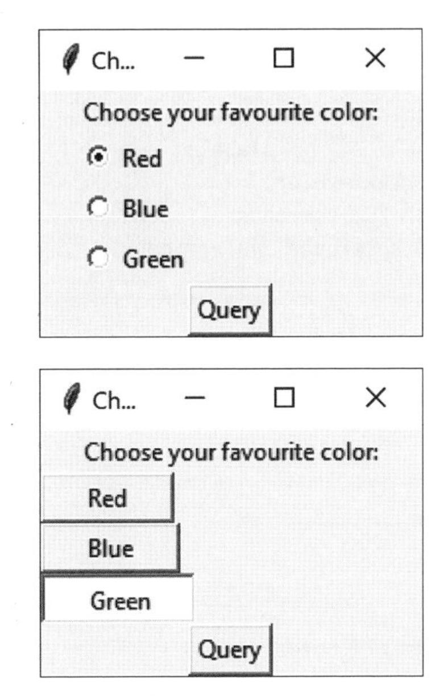

圖 2-8　Radiobutton 的 indicatoron=1（上圖）和 indicatoron=0（下圖）

當建立一組 Radiobutton 時，將它們全部分配給同一個組變數（group variable）。該變數是 IntVar 類型，一種用於深入使用 Tk 圖形工具包的特殊類型。在建立每個 Radiobutton 時，都會為其分配一個索引值（例如 0、1 或 2）。點擊其中一個按鈕時，該索引值將複製到組變數。因此可以透過檢查儲存在組變數中的值，來找出選擇了哪個按鈕。在下面的程式碼 Radiobuts.py 中，ChoiceButton 類別衍生自 Radiobutton 類別。

```
groupv = tk.IntVar()

ChoiceButton(root, 'Red', 0, groupv)
ChoiceButton(root, 'Blue', 1, groupv)
ChoiceButton(root, 'Green', 2, groupv)
```

您還可以透過設置組變數（group variable）的值，來設置要選擇哪個 Radiobutton：

```
groupv.set(0)        # Red 按鈕已選
groupv.set(None)     # 沒有按鈕被選擇
```

與普通的 Button 類別一樣，Radiobutton 類別可以在點擊時接收命令。因此，就像我們在建立 DButton 時所做的那樣，我們將衍生 ChoiceButton 類別，並加入命令函式。

```
# ChoiceButton 是衍生自 RadioButton
class ChoiceButton(tk.Radiobutton):
    def __init__(self, rt, color, index, gvar,
                                        clabel):
        super().__init__(rt, text=color,
                         padx=20, command=self.comd,
                         variable=gvar, value=index)

        self.pack(anchor=W)
        self.root = rt
        self.color = color
        self.index = index
        self.var = gvar
        self.clabel = clabel

# 點擊並且傳送到這
def comd(self):
    # 更換標籤名稱和顏色
    self.clabel.configure(fg=self.color,
                          text = self.color)
```

圖 2-9 為點擊 Radiobutton 時的原始視窗以及標籤文字的名稱和顏色。

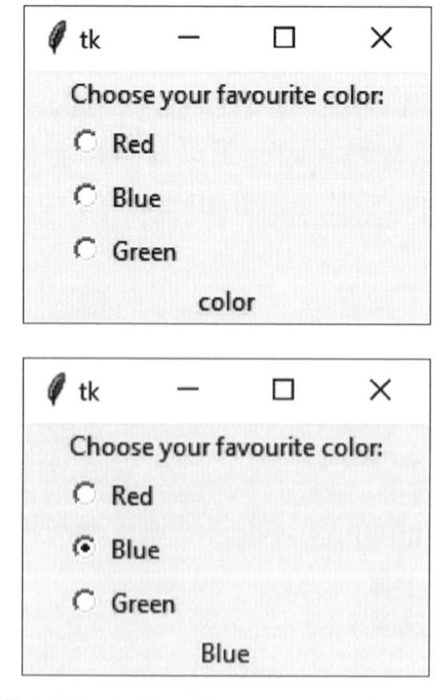

圖 2-9 原始視窗（上圖）和帶有顏色名稱和顏色的視窗（下圖）

comd 方法使用相同的顏色字串更改標籤文字和標籤顏色。在這個有點不妥的例子中，對組變數 *gvar* 的引用被傳遞給**每個** Radiobutton，即使在三種情況下它都是同一個變數。有一種更好的方法，可以使用類別層級變數來很好地做到這一點。

使用類別層級（Class-Level）變數

如果所有三個 ChoiceButton 類別都引用同一個變數，為什麼不把它放在類別中呢？這比在 main() 常式的某個隨機位置關閉它要好得多。我們將 gvar 聲明為類別層級變數，取名為 ChoiceButton.gvar。三個類別都只有一個這樣的變數，它們都可以檢查它的狀態。

```
class ChoiceButton(tk.Radiobutton):
    gvar = None  # group var 會放在這

    def __init__(self, rt, color, index, cLabel):
        super().__init__(rt, text=color,
                         padx=20, command=self.comd,
                         variable=ChoiceButton.gvar,
                         value=index)
        self.pack(anchor=W)
        self.color = color   # 按鈕顏色名稱
        self.cLabel = cLabel # 標籤上色
        self.index = index   # 按鈕排序
```

接下來，我們在建立使用者介面時設置為 None：

```
# 在類別中設定組變數
ChoiceButton.gvar = IntVar()
ChoiceButton.gvar.set(None)
ChoiceButton(root, 'Red',   0, cLabel)
ChoiceButton(root, 'Blue',  1, cLabel)
ChoiceButton(root, 'Green', 2, cLabel)
```

其他一切都是一樣的；我們不必將相同的變數傳遞給 ChoiceButton 類別的所有實例。此程式碼位於 Radioclassbuttons.py 中。

類別之間的通信

雖然回應這些點擊很容易，但問題是程式的其餘部分如何接收這些選擇，以及如何處理它們。因為結果在 ChoiceButton 實例之一裡面，所以這有點棘手。同樣地，如果點擊上一個範例的查詢按鈕，按鈕和程式如何找出選擇的內容？這個問題最有效的解決方案是中介者模式，我們將在第四部分「行為模式」介紹它。

使用 grid 版面配置

grid 版面配置比 pack 版面配置更容易使用，它允許您將小元件排列在視窗的 grid 中。grid 是已編號的列與行，沒有數量上的限制。grid 不會在您的視窗中顯示，並且任何不包含小元件的列或行都不會顯示。

為了簡單說明，讓我們重做之前用於 pack 版面配置的同一個範例：

```
root=Tk()
root.title("grid")


# 建立第一個標籤和輸入欄位
lbl1 = Label( text="Name")
lbl1.grid(row=0, column=0, padx=5, pady=5)
entry1 = Entry()
entry1.grid(row=0, column=1)

# 接著建立第二個
lbl2 = Label( text="Address")
lbl2.grid(row=1, column=0, padx=5, pady=5)
entry2 = Entry()
entry2.grid(row=1, column=1, padx=5)

root.mainloop()
```

請注意，這種方法比使用 pack 版面配置建立相同視窗所需的程式碼要簡單得多。您不必建立任何框架：grid 更簡潔地完成了同樣的事情。程式碼在 gridoptions.py 中。

您可以看到圖 2-10 中的第一張圖與圖 2-5 中的視窗（pack 範例）之間存在細微差別：名稱和地址標籤沒有靠左對齊。可以在此處對 grid 版面配置使用 sticky 修飾符（modifier），來指示要在 grid 單元中放置小元件的位置。藉由調用這兩個 grid 方法，您可以將標籤放置在 grid 中靠左的位置：

```
lbl1.grid(row=0, column=0, padx=5, pady=5, sticky=W)
lbl2.grid(row=1, column=0, padx=5, pady=5, sticky=W)
```

圖 2-10 在視窗中的右側顯示結果。（其他位置當然是 N、S 和 E，您可以將它們組合起來。）

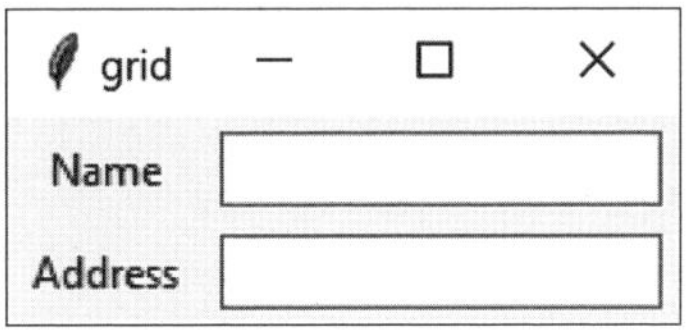

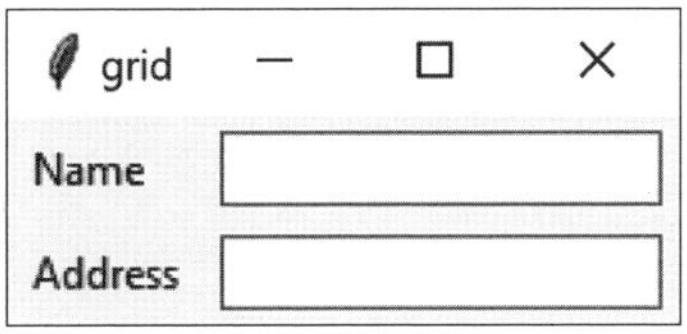

圖 2-10　沒有 sticky=W（上圖）和有 sticky=W（下圖）的 grid 版面配置

建立 Checkbutton

在 Python 中，標準的視窗 UI 核取方塊稱為 Checkbutton。Checkbutton 使您能夠指示要為使用者提供的選擇，他們可以在其中選擇零到多個選項。讓我們使用一系列 checkbutton 來建立廣受歡迎的披薩配料選擇選單，並將它們放置在 grid 版面配置中（見圖 2-11）。

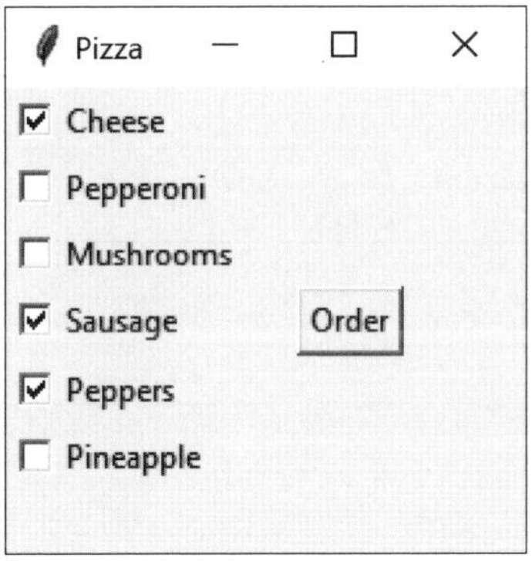

圖 2-11　grid 中的 checkbutton

在 grid 中放置 checkbutton 非常簡單：有六列兩行，第二行的第 4 列包含 Order 按鈕。

但是如何編寫程式呢？一旦我們建立了這些 box，我們如何找出哪些被選取？Checkbuttons 的操作與 Radiobuttons 非常相似，每個按鈕都有一個 IntVar 物件。與 Radiobutton 不同，其中單個按鈕組引用相同的 IntVar，您必須為**每個** Checkbutton 建立一個 IntVar。

那麼我們如何管理這些按鈕呢？也許有一個清單？接近了，但是我們如何讓 Order 按鈕知道這個清單，以及我們如何找出哪些被選取？

建立這個程式有兩個步驟。第一步是建立一個從 Checkbutton 衍生的類別，我們稱之為 Checkbox。

```
""" Checkbox 類別衍生自 Checkbutton
其中包含 get 方法，以取得名稱為 var 的狀態 """
class Checkbox(Checkbutton):
    def __init__(self, root, btext, gvar):
        super().__init__(root, text=btext,
                         variable=gvar)
        self.text=btext
        self.var = gvar

    def getVar(self):
        return self.var.get()  # 取得儲存的值
```

這個 Checkbox 類別有兩種 get 方法：一種取得關聯的 IntVar 中包含的值，另一種取得 Checkbox 的標題字串。因此，我們可以建立 Checkbox 類別，並詢問它們是否選取了該核取方塊。但是如何建立它們呢？

可以透過建立 Checkbox 名稱清單，迴圈建立 IntVar 和 Checkbox 陣列來輕鬆地完成此操作。以下是名稱清單：

```
self.names = ["Cheese","Pepperoni","Mushrooms",
              "Sausage","Peppers","Pineapple"]
```

現在，讓我們使用這些名稱建立 Checkbox 陣列。這很簡單，但我們需要確保為每個 Checkbox 建立一個單獨的 IntVar：

```
boxes=[]              # 核取方塊清單存在這
r = 0
for name in self.names:
    var=IntVar()                   # 建立 IntVar
    cb = Checkbox(root, name, var) # 建立 checkbox
    boxes.append(cb)               # 加到清單中
    cb.grid(column=0, row=r, sticky=W) # grid 版面配置
    r += 1                             # 計算列
```

建立此程式的第二步，也是最後一步，是建立 Order 按鈕。當我們點擊它時，我們希望看到訂購的配料清單。但是，這個按鈕是如何知道訂單的呢？我們使用一個額外的參數將 Button 子類化（subclass），該參數將核取方塊清單傳遞給按鈕：

```
# 建立 Order 按鈕並給它
# 核取方塊清單
OKButton(root, boxes).grid(column=1, row=3, padx=20)
```

OK 按鈕儲存對核取方塊清單的引用，以便在點擊時可以印出訂單。

這個衍生的按鈕類別，和我們之前建立的一樣，有它自己的 comd 方法，當按鈕被點擊時會被調用。它印出核取方塊標籤，並告訴該核取方塊是否被選取。

```
class OKButton(Button):
    def __init__(self, root, boxes):
        super().__init__(root, text="Order")
        super().config(command=self.comd)
        self.boxes= boxes     # 儲存
                              # 核取方塊清單
    # 印出訂購的配料清單
    def comd(self):
        for box in self.boxes:
            print (box.Text, box.getVar())
```

這是訂單清單：

```
Cheese 1
Pepperoni 0
Mushrooms 0
Sausage 1
Peppers 1
Pineapple 0
```

禁用核取方塊

有時您可能希望阻止人們點擊某些核取方塊。在這裡，我們在程式 checkboxes.py 中複製了關於披薩上鳳梨的網路笑話（見圖 2-12）。

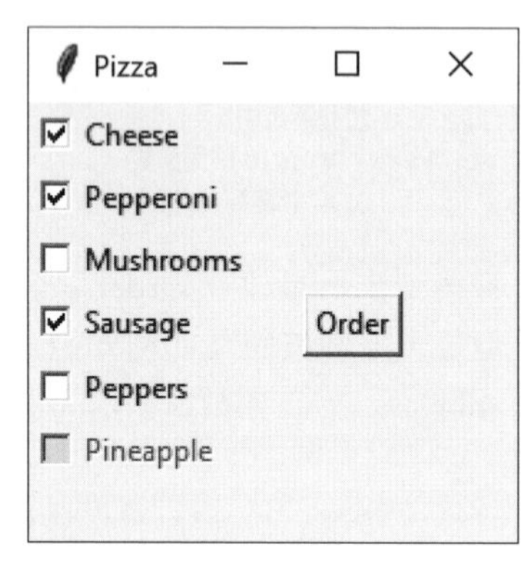

圖 2-12 核取方塊，其中一個被禁用

請注意，鳳梨在此畫面中呈灰色顯示，因此您無法點擊該核取方塊。執行此操作的程式碼是 Checkbox 類別的一部分：

```
# 披薩上鳳梨的網路笑話
if self.text == "Pineapple":
    # 阻止鳳梨放下披薩
    self.configure(state=DISABLED)
```

您也可以使用此表格：

```
btn['state']=DISABLED
```

無論哪種情況，您都可以使用以下任一方法重新打開按鈕或其他小元件：

```
btn['state'] = tk.NORMAL
btn.configure(state=NORMAL)
```

將選單加到 Windows

當您開始開發具有多種選擇的程式時，可能會意識到選單就是這樣。Python 中的選單表面上很容易實現。

假設您要建立幾個這樣的選單：

File	Draw
New	Circle
Open	Square
Exit	

建立這些選單的程式碼可以很簡單：

```
# 建立 menu bar
menubar = Menu(root)
root.config(menu=menubar)
root.title("Menu demo")
root.geometry("300x200")
filemenu = Menu(menubar, tearoff=0)
menubar.add_cascade(label="File", menu=filemenu)

filemenu.add_command(label="New", command=None)
filemenu.add_command(label="Open", command=None)
filemenu.add_separator()
filemenu.add_command(label="Exit", command=None)

drawmenu = Menu(menubar, tearoff=0)
menubar.add_cascade(label="Draw", menu=drawmenu)
drawmenu.add_command(label="Circle", command=None)
drawmenu.add_command(label="Square", command=None)
```

圖 2-13 顯示來自 Menus.py 的結果視窗，顯示其中一個選單。

當然，這個簡單的程式會跳過選單項所要執行的命令執行，其中存在複雜性。如果您只有兩個或三個選單項，您可以簡單地建立三個按鈕要調用的三個函式，它不會讓您的程式太混亂。

但是，如果您有十幾個或更多選單項，您就會開始意識到這根本不是物件導向程式設計。程式的一開始不應該有這些函式；它們應該是物件的一部分。而且理想情況下，每個類別都應該處理其中一個選單命令。這與按鈕討論的問題相同。將按鈕執行的命令放入 Button 類別本身，是更好的組織程式方法。這些類別非常通用，因此您可以在任何想要製作選單的地方使用它們。

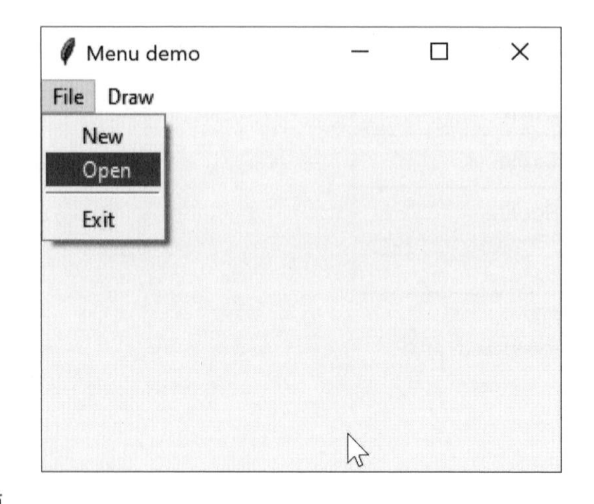

圖 2-13　選單畫面

那麼，我們在這裡需要什麼類別？至少我們需要：

- 一個 Menubar 類別。
- 包含該選單組名稱的 Topmenu 類別。
- 一種將選單命令添加到該選單的方法。
- 此外，我們為每個選單項建立了一個基本的 MenuCommand 類別。

我們的 Menubar 類別只是子類化 Menu 加上一行程式碼：

```
# 建立 menu bar
class Menubar(Menu):
    def __init__(self, root):
        super().__init__(root)
        root.config(menu=self)
```

另一個主類別 Topmenu 代表每個選單的最上層：

```
# 這個類別表示每行中的最上層選單
class TopMenu():
    def __init__(self, root, label, menubar):
        self.mb = menubar
        self.root = root
        self.fmenu = Menu(self.mb, tearoff=0)
        self.mb.add_cascade(label=label, menu=self.fmenu)

        def addMenuitem(self, mcomd):
```

```
            self.fmenu.add_command(label = mcomd.getLabel(),
                        command = mcomd.comd)

        def addSeparator(self):
            self.fmenu.add_separator()
```

其餘程式碼為每個選單項建立類別。我們將從一個基礎類別開始，並從中衍生所有其他類別：

```
# menu items 的抽象基礎類別
class Menucommand():
    def __init__(self, root, label):
        self.root = root
        self.label=label
    def getLabel(self):
        return self.label

    def comd(self): pass
```

我們唯一要做的就是將 comd 方法寫入衍生類別，其中大部分都非常簡單。例如：

```
# 離開程式
class Quitcommand(Menucommand):
    def __init__(self, root,  label):
        super().__init__(root,  label)

    def comd(self):
        sys.exit()
```

我們在這裡使用 sys.exit() 方法，因為在正式環境程式碼中推薦使用它；它確保在退出之前關閉所有內容。

File | Open 選單命令有點複雜。我們真的不需要在這個小程式中打開任何檔案，但是我們去掉了路徑，並且只保存了檔案名，並顯示在標題列中：

```
# menu item 調用 file open dialog
class Opencommand(Menucommand):
    def __init__(self, root, label):
        super().__init__(root, label)

 def comd(self):
       fname= filedialog.askopenfilename(
               title="Select file")

       # 檢查 nonzero string length
       if len(fname.strip()) > 0:
```

```
            nameparts = fname.split("/")
    # 找到沒有路徑的檔案名稱
            k = len(nameparts)
            if k>0 :
                fname = nameparts[k-1]
                   self.root.title(fname)
```

要繪製圓形和方形，我們必須將 Canvas 物件傳遞給這些選單項：

```
# 繪製一個圓形
class Drawcircle(Menucommand):
    def __init__(self, root,  canvas, label):
        super().__init__(root,  label)
        self.canvas = canvas

    def comd(self):
        self.canvas.create_oval(130, 40,
                200, 110, fill="red")
```

就是這樣。我們建立 menu command item，並將它們加到 Topmenu，我們擁有整個物件導向形式的程式：

```
menubar = Menubar(root)

# 建立檔案選單和它的子選單
filemenu = TopMenu(root, "File", menubar)
filemenu.addMenuitem(Menucommand(root, "New"))
filemenu.addMenuitem(Opencommand(root, "Open"))

filemenu.addSeparator()
filemenu.addMenuitem(Quitcommand(root, "Quit"))


# 建立 Draw 選單和它的子選單
drawmenu= TopMenu(root, "Draw", menubar)
drawmenu.addMenuitem(Drawcircle(root, canvas,
                      "Circle"))

drawmenu.addMenuitem(Drawsquare(root, canvas,
                      "Square"))
```

圖 2-14 顯示 ObjMenus.py 的結果。

請注意，當我們建立 File|New menu item 時，我們使用了基礎 `MenuCommand` 類別，它有一個空的 `comd()` 方法。我們這樣做是因為我們不打算執行 `New` 方法，因為它超出了本範例的範圍。

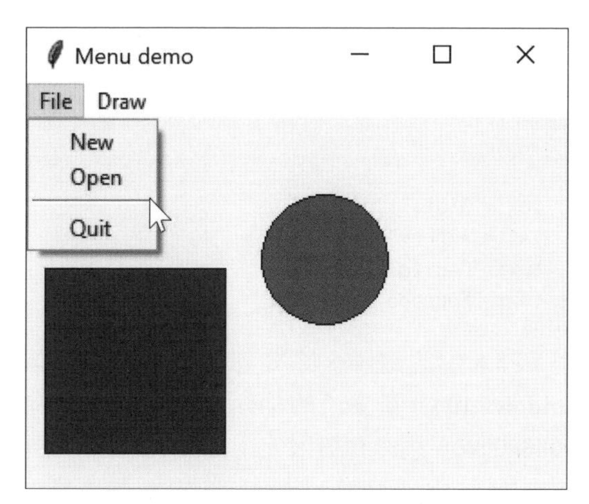

圖 2-14　menu bar、選單和畫布中繪製的兩個圖形元素

使用 LabelFrame

`LabelFrame` 小元件就像 `Frame` 小元件，只是您可以添加標籤作為邊框，如 labelframetest.py 所示（見圖 2-15）。

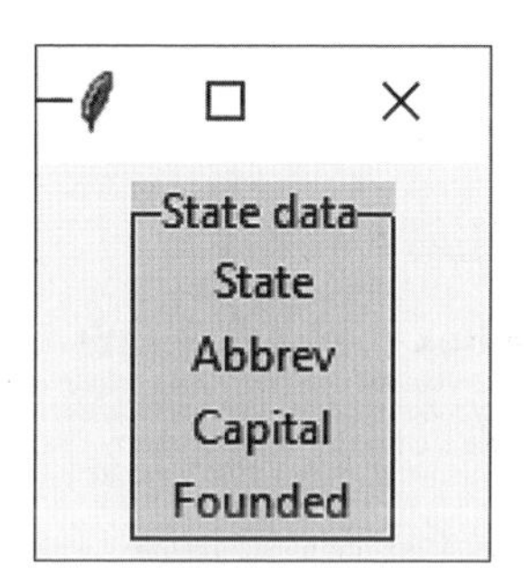

圖 2-15　帶有 relief=RAISED 和「alt」主題的 LabelFrame。

```
# 如果在 Windows 10 上使用，需要 style
    style = Style()
    style.theme_use('alt')

    # 建立 LabelFrame
    labelframe = LabelFrame(root, text="State data",
                            borderwidth=7, relief=RAISED)
    labelframe.pack(pady=5)

    # 加入 4 個 Label
    Label(labelframe, text="State").pack()
    Label(labelframe, text="Abbrev").pack()
    Label(labelframe, text="Capital").pack()
    Label(labelframe, text="Founded").pack()
```

由於 Python 3.6、3.7 和 3.8 中的錯誤，除非您包含我們上面顯示的「alt」樣式語句，否則框架在 Windows 10 中僅淡淡的顯示。對於邊框，您可以選擇 GROOVE、FLAT、RAISED 或 RIDGEGROOVE，這是預設設定；圖 2-15 選擇的邊框為 RAISED。

繼續前進

在本章中，我們已經介紹了大部分基本的視覺化小元件。下一章我們會看顯示資料的清單。

GitHub 上的範例

- Hellobuttons.py：第一個按鈕範例
- Derived2buttons.py：子類別按鈕
- Messageboxes.py：Message Box 和檔案視窗範例
- Yourname.py：輸入並顯示您的姓名
- Simplemath.py：輸入兩個數字並將它們相加
- Packoptions.py：使用 pack 方法
- Radiobuts.py：Radiobutton 範例

- Radioclassbuttons.py：使用類別變數
- Gridoptions.py：使用 grid
- Checkboxes.py：核取方塊的延伸
- Menus.py：選單範例
- Objmenus.py：物件導向的選單範例
- LabelFrameTest.py：`Labelframe` 範例
- Disable.py：啟用和禁用按鈕

第 3 章

資料表視覺化程式設計

本章我們將研究幾種表示資料清單的方法。首先我們將編寫程式碼來讀取州清單以及它們的一些資料，接著使用這些條目（Entries）當作範例，來簡單的找出包含美國各州及其首都和人口資料的表。撰寫本書時，我們從維基百科抓取資料表，並使用 Word 轉換成以逗點分隔的清單，部分內容如下所示：

```
Alabama, AL, 1819, Montgomery
Alaska, AK, 1960, Juneau
Arizona, AZ, 1912, Phoenix
Arkansas, AR, 1836, Little Rock
California, CA, 1850, Sacramento
```

完整的檔案包含了 50 行由逗點分隔的資料，可以一行一行讀取，或是一次全部存到陣列中，讓我們使用第二種方法：

```
class StateList():
    def __init__(self, stateFile):

        # 將每一行讀入 contents 中
        with open(stateFile) as self.fobj:
            self.contents = self.fobj.readlines()
```

contents 值現在包含一個字串陣列，我們可以一個一個轉換，並且為它們建立各自獨立的 state 物件。

```
self._states = []              # 建立空清單
for st in self.contents:
    if len(st)>0:
        self.state = State(st)  # 建立 State 物件
        self._states.append(self.state) # 加到清單中
```

剩下的作業在 State 類別中完成，它解析這些字串，用逗號將它們分開，並將每個字串儲存在一個區域變數中：

```
class State():
    def __init__(self, stateString):
        # 將字串拆分為 tokens

        self._tokens = stateString.split(",")
           self._statename = "" # 如果值為空，則為預設
        if len(self._tokens) > 3:
            self._statename = self._tokens[0]
            self._abbrev = self._tokens[1]
            self._founded = self._tokens[2]
            self._capital = self._tokens[3] # 首府
```

除了 State 變數的存取子函式，這是程式的主體。本質上，StateList 類別建立 State 物件的清單（陣列）。程式的其餘部分找到了方法來顯示資料。

建立一個 Listbox

Listbox 是開發環境中常見的應用，它是由字串組成的清單，可以選取其中一個字串。要建立一個州清單，可以藉由以下程式碼，快速建立 Listbox：

```
class BuildUI():
    def __init__(self, root, slist):
        self.states= slist
        self.listbox = Listbox(root, selectmode=SINGLE)
        self.listbox.grid(column=0, row=0, rowspan=4, padx=10)
        for state in self.states:
            self.listbox.insert(END, state.getStateName())
```

如圖所示，此 listbox 插入到 grid 的第 1 行並跨越多列。slist 變數包含 State 物件的清單。我們在 listbox 中插入的只是每個州的名稱字串。選擇的模式可以是 SINGLE、BROWSE、MULTIPLE、EXTENDED，最常見的選擇是 SINGLE。而 BROWSE 允許使用者用滑鼠移動點選的選項。MULTIPLE 允許使用者選取多個元素。EXTENDED 可以藉由 Shift 和 Control 鍵，來選擇多個群組（groups）。圖 3-1 展示了此範例的基本清單。

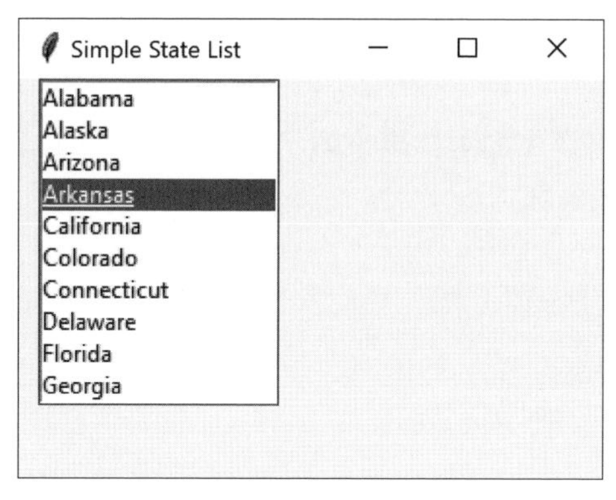

圖 3-1 在 Listbox 中州清單，選擇 SINGLE 模式

即使原始的清單不包含 scrollbar，依然可以使用滑鼠滾輪瀏覽內容。如圖 3-2 所示，要加入 scrollbar 並不困難。

```
# 設定 scroll bar
scrollBar = Scrollbar(root)
# 連到 listbox
scrollBar.config(command=self.listbox.yview)


# 延伸到最上面和最下面
scrollBar.grid(row=0, column=1, rowspan=4,
               sticky="NS")
# 連接 scrollbar y 的移動到 listbox 上
self.listbox.config(yscrollcommand=scrollBar.set)
```

圖 3-2 完成的 scrollbar 顯示在右邊。

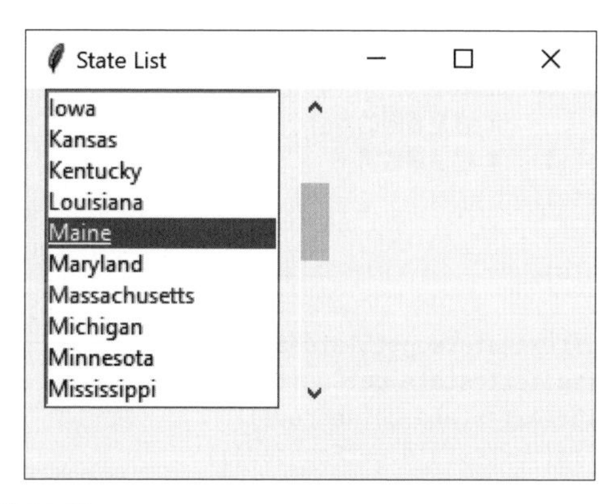

圖 3-2 附有 scrollbar 的 ListBox

顯示州資料

當點擊州名時，我們需要添加兩件事來顯示資料。首先，我們必須在將出現結果的右側，建立一系列標籤區塊：

```
# 在右方建立四個標籤
self.lbstate = Label("")
# 第二個標籤加入紅色背景
self.lbabbrev = Label(root, text="",
             foreground="red")

self.lbcapital = Label("")
self.lbfounded = Label("")

self.lbstate.grid(column=2, row=0, sticky=W) # 靠左對齊
self.lbabbrev.grid(column=2, row=1, sticky=W)
self.lbcapital.grid(column=2, row=2, sticky=W)
self.lbfounded.grid(column=2, row=3, sticky=W)
```

接下來，我們要從 Listbox 中攔截點擊事件，並發送到一個回調函式，該回調函式可以在點擊發生時被啟用。這發生在 BuildUI 類別中，它避免了任何尷尬的全域變數。

```
self.listbox.bind('<<ListboxSelect>>', self.lbselect)
```

您可以將任何事件綁定到回調函式。線上 Python 說明檔案列出了每個小元件上可能發生的所有事件。這裡我們將選擇事件綁定到 lbselect 方法。

然後，lbselect 方法簡單地找到您點擊的清單元素的索引，尋找該 State 物件，並提取這些值。最後，它將州名稱複製到標籤文字中（見圖 3-3）。

```
def lbselect(self, evt):
    index = self.listbox.curselection()  # 元組
    i= int(index[0])            # 這是實際的索引
    state = self.states[i]      # 從清單取得州
    self.loadLabels(state)

def loadLabels(self,state):
    # 將州的內容填入標籤中
    self.lbstate.config(text=state.getStateName())
    self.lbcapital.config(text=state.getCapital())
    self.lbabbrev.config(text=state.getAbbrev())
    self.lbfounded.config(text=state.getFounded())
```

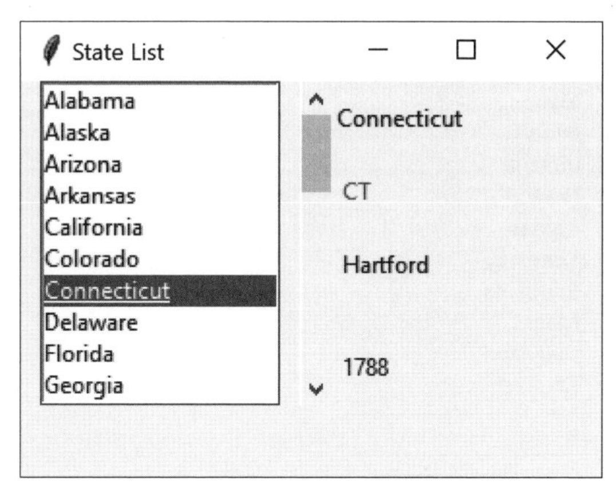

圖 3-3 ListBox 和 scrollbar 以及顯示在右側的選定州詳細訊息

如果有一種方法可以在不滾動的情況下，跳到按字母順序排列的清單中可能會更好。如果添加一個輸入欄位，我們可以使用它來找到以該字母開頭的第一個州。

```
self.entry=Entry(root)        # 建立輸入欄位
self.entry.grid(column=0, row=4, pady=4)
self.entry.focus_set()        # 設定 focus 到該欄位
# 綁定 keypress 到 lbselect
self.entry.bind("<Key>", self.keyPress)
```

keypress 方法從事件欄位中取得字元，將其轉換為大寫，然後掃描州清單以找尋第一個匹配項。如果找到匹配項，它會將 listbox 索引設置為該列，如圖 3-4 所示。

```
def keyPress(self, evt):
    char = evt.char.upper()
    i=0
    found= False
    # 搜尋以字元開頭的州
    while (not found) and (i< len(self.states)):
        found =self.states[i].getStateName().startswith(char)
        if not found:
            i = i+1
     if found:
        state = self.states[i]       # 取得州
        self.listbox.select_clear(0, END)    # 清除
        self.listbox.select_set(i)  # 設定選擇
        self.listbox.see(i)         # 設為可見
        self.loadLabels(state)      # 讀取標籤
```

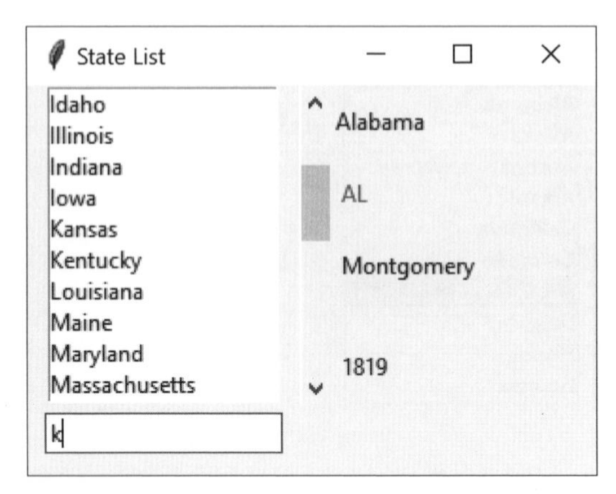

圖 3-4 允許您向前跳到任何選定字母位置的 Listbox 和條目欄位

使用 Combobox

Combobox 是輸入欄位和下拉清單的組合。您可以在輸入欄位中鍵入或從清單中選擇一個條目。無論哪種情況，combo.get() 方法都會傳回選定的字串。

加載 Combobox 比加載 listbox 更簡單；您只需將一組名稱傳遞給它：

```
names=[]
for s in self.states:
    names.append(s.getStateName())

# 加 list 到 combo box 中
self.combo = Combobox(root, values=names)
self.combo.current(0)
self.combo.bind('<<ComboboxSelected>>',
                          self.onselect)
self.combo.grid(column=0, row=0, rowspan=8, padx=10)
```

點擊州會調用 onselect 方法，該方法會加載州資料：

```
def onselect(self, evt):
    index = self.combo.current()
    state = self.states[index]
    self.loadLabels(state)
```

如果您將 combo.current 設置為 0 或大於零的數字，則 Combobox 中的那一行會被選擇，並會將該行複製到輸入欄位中。如果將該值設置為 None，則輸入框為空（參見圖 3-5）。

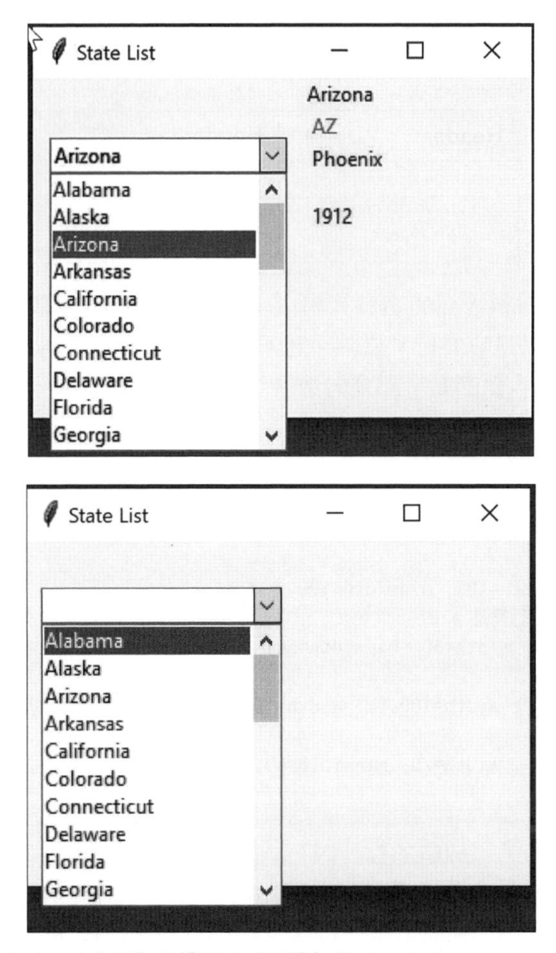

圖 3-5　當前設置為小於 0（上圖）且等於 0（下圖）的 Combobox

Treeview 小元件

您可以使用 Treeview 小元件查看嵌套資料或僅使用它查看資料表。無論哪種方式，它都做得很好。不過出於某種原因，Treeview 上的 Python 文件非常難以理解。本節中的簡單總結，應該會讓您更容易上手。

Header #0	Header	Header	Header
Labels			
or text col			

Treeview 表由標題列和後面的資料列組成。最左邊第一格總是命名為「#0」，可以是列的標籤，也可以是資料行。當然，也可以有任何列的子列，這使您有機會建構一棵樹。（我們將在「樹節點」部分向您展示這一點。）

首先，您需要為州資訊建立行：

```
# 建立行
tree["columns"] = ("abbrev", "capital", "founded")

tree.column("#0", width=100, minwidth=100,
     stretch=NO) # 左行總是 # 0
tree.column("abbrev", width=50, minwidth=50,
     stretch=NO)
tree.column("capital", width=100, minwidth=100,
     stretch=NO)
tree.column("founded", width=70, minwidth=60,
     stretch=NO)
```

請注意，我們只建立了三個命名行，因為狀態名稱位於左側的 #0 行中。我們定義它們的寬度，最重要的是，設置 STRETCH=NO，這樣可以防止 Treeview 加寬，您可能希望保持較窄的行寬，例如縮寫的那一行（本範例將其保持在 50 像素寬）。

接著建立實際的標題。請注意，我們之前命名了這些行；現在我們將標題放在那些命名的行中，使用大寫的標題名稱：

```
# 建立標頭
tree.heading('#0', text='Name') # 0 行 = 名稱
tree.heading('abbrev', text='Abbrev')
tree.heading('capital', text='Capital')
tree.heading('founded', text='Founded')
```

最後，插入幾個資料列：

```
tree.insert(node, rownum, text=col0txt, values=("one", "two", "three"))
```

如果您在主列插入，則節點可以為空白。第 0 行的文字為 text= 內的文字。其餘行在清單中 value=。以下是一個例子：

```
tree.insert("", 1, text="California", values=("CA",
        "Sacramento", "1845"))
tree.insert("", 2, text="Kansas", values=( "KS",
        "Topeka", "1845"))
```

圖 3-6 顯示執行結果。

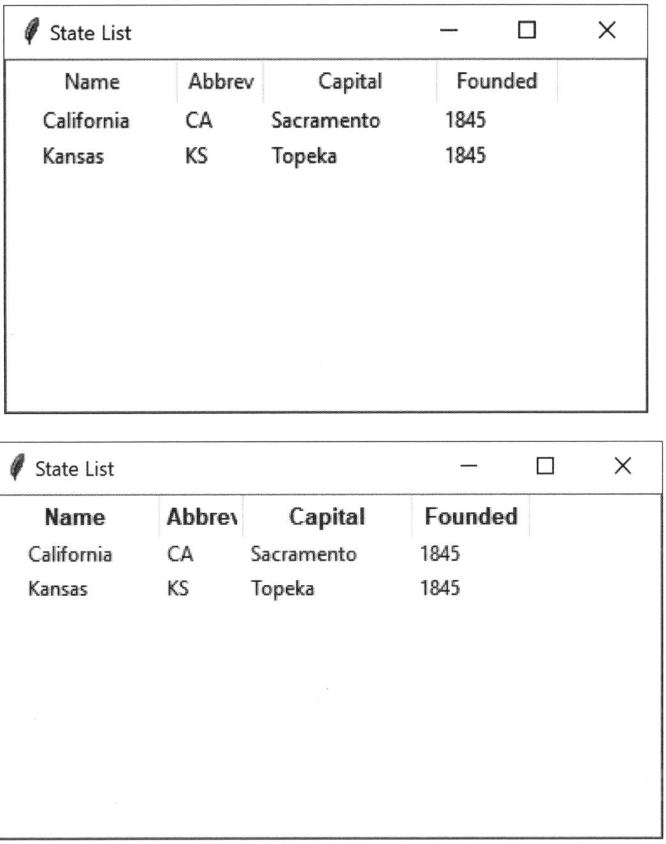

圖 3-6　帶有普通（上圖）和粗體（下圖）標題的 Treeview

將標題列以粗體顯示是很常見的。您可以使用 Style 語句來做到這一點：

```
style = ttk.Style()
style.configure("Treeview.Heading",
       font=(None, 10, "bold"))
```

font 聲明中的技巧是設置大小和粗體，但不更改當前字體。圖 3-6 顯示了結果。

插入樹節點

假設我們實際上想要建立樹而不是表。我們透過保存該列的節點再插入該節點來做到這一點：

```
folderCa= tree.insert("", 1, text="California",
       values=( "CA", "Sacramento", "1845"))
tree.insert(folderCa, 3, text="",
       values=(" ","pop=508,529"))
```

這會在加州節點旁邊為您提供一些可擴充的標記（參見圖 3-7）。

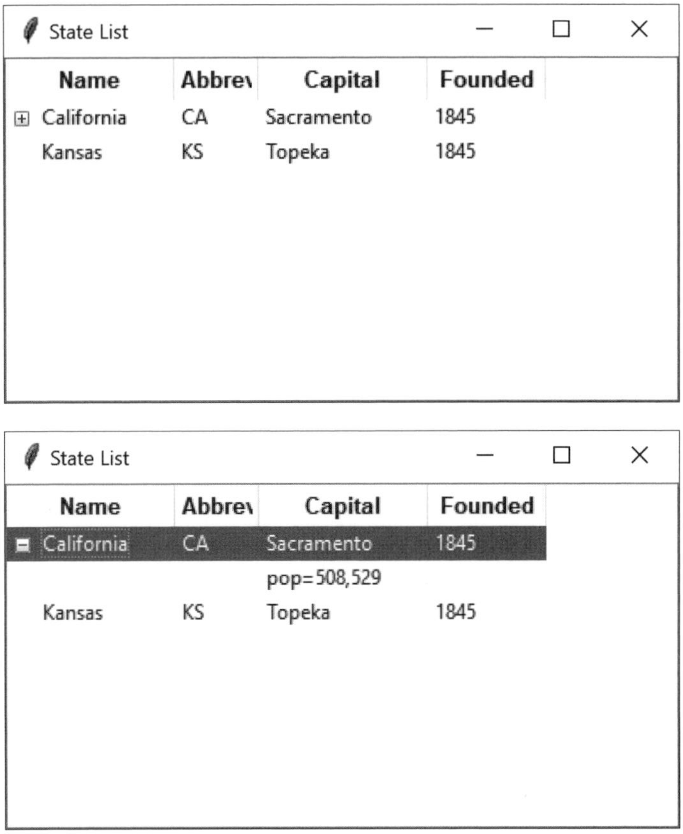

圖 3-7　具有折疊（上圖）和展開（下圖）葉節點的樹視圖

您可以點擊該 + 號來展開樹。請注意，我們在第 2 行下插入了主要行，它顯示了圖 3-7 中的人口。

您可以使用我們在前面範例中開發的 States 陣列，來顯示整個州清單；它只有四行程式碼。圖 3-8 展示了該視窗的畫面。

```
i=1
for state in self.states:
    self.tree.insert("", i,
                     text=state.getStateName(),
                     values=( state.getAbbrev(),
                     state.getCapital(),
                     state.getFounded()))
    i += 1
```

State List

Name	Abbrev	Capital	Founded
Alabama	AL	Montgomery	1819
Alaska	AK	Juneau	1960
Arizona	AZ	Phoenix	1912
Arkansas	AR	Little Rock	1836
California	CA	Sacramento	1850
Colorado	CO	Denver	1876
Connecticut	CT	Hartford	1788
Delaware	DE	Dover	1787

圖 3-8 將州列為 Treeview 表的狀態

繼續前進

現在我們已經奠定了基礎，可以深入研究我們在第 4 章「什麼是設計模式？」中要討論的實際設計模式。

GitHub 範例程式碼

在所有範例中，請確保將資料檔（States.txt）包含在與 Python 相同的資料夾中，且確保所有程式都是 Vscode 或 PyCharm 專案的一部分。

- States.txt：這些清單範例的資料檔
- SimpleList.py：基本 listbox
- StateListScroll.py：帶有 scrollbar 的 listbox
- StateListBox.py：帶有輸入欄位的 listbox
- StateDisplayCombo.py：Combobox 顯示州資料
- TreeTest.py：具有可擴展節點的樹
- TreeStates.py：所有州、首都和建國日期的樹

第 4 章

什麼是設計模式？

坐在工作站前方的辦公桌前的你兩眼望向遠方，試圖理清如何編寫新的程式功能。您知道什麼必須要完成、有哪些資料和什麼物件要一起加進來，但總感覺有更好的方式，可以把程式寫得更優雅、更通用。

事實上，在了解程式碼在做什麼和如何互動，直到可以在腦中勾勒出一個畫面之前，您可能不會開始寫程式。當初始的整體面貌越清晰，您對於開發的最佳解決方案就越有信心，但如果沒有馬上把握住整體面貌，儘管問題的解決方案非常顯而易見，您還是可能會盯著窗外一段時間。

在某種意義上來說，你會覺得最簡潔的解決方案，將更具可複用性和可維護性，即使您可能是唯一的程式設計師，當您設計了相對優雅且不暴露太多內部缺陷的解決方案時，您也會感到放心。

電腦科學研究人員開始辨識設計模式的主要原因之一，是為了滿足這種對優雅但簡單的可重用解決方案的需求。**設計模式**對於初學者來說可能有點正式，您第一次遇到時可能會有點排斥，但事實上，設計模式只是在專案和程式開發者之間，重用物件導向程式碼的便利方式。設計模式背後的想法很簡單：寫下並分類程式開發人員經常發現有用的物件之間常見的互動，並進行分類。

在早期關於程式開發框架的文獻中，一個經常被引用的模式是 Smalltalk 的 Model-View-Controller 框架（Krasner 和 Pope，1988）。它將使用者介面問題分為三個部分，其中一部分被稱為**資料模型**（*data model*），包含了程式的計算部分；**視圖**（*View*）展示使用者介面；以及**控制器**（*Controller*），在使用者和視圖之間進行互動（見圖 4-1）。

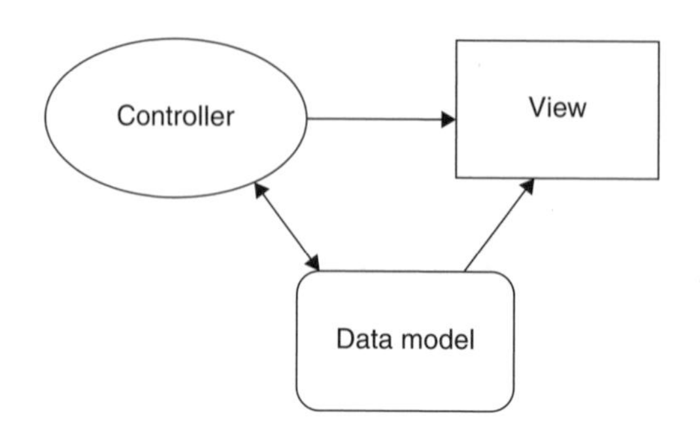

圖 4.1 MVC 關係圖

問題的每一個方面都是一個獨立的物件，每個物件都有自己的資料管理規則。使用者、圖形使用者介面和資料之間的通信應該被仔細控制，這種功能分離很好地完成了這一點。三個物件使用這種受限制的連接集互相交談，是一個強大的設計模式的例子。

換句話說，設計模式描述了如何在不影響彼此資料模型和方法的情況下進行通信，保持分離一直是好的物件導向程式開發的目標，如果您一直試圖讓物件只管自己的事，那麼您可能已經在使用一些常見的設計模式。

設計模式在 20 世紀的 90 年代初，由 Erich Gamma[1] 開始被更正式的認識，其所描述的模式被納入 GUI 應用框架 ET++ 中，這些討論和一些技術會議的最終產物就是最佳暢銷書《物件導向設計模式 可再利用物件導向軟體之要素》（又稱「GoF」），由俗稱四人幫（Gang of Four）的 Gamma、Helm、Johnson 和 Vlissides 所撰寫[2]，對想了解如何使用設計模式的程式開發人員影響深遠，它描述了 23 種常用的模式，並對如何以及何時使用它們進行了解釋，在之後的章節中，我們把這本開創性的書稱為《設計模式》。

自從最初的《設計模式》出版之後，許多其他有用的書籍也相繼出版，這些書包括流行的《JAVA 設計模式教學》[3] 和一本關於 C# 設計模式的類似書籍[4]，Rhodes[5] 有一個有趣的網站，描述了 Python 是如何使用設計模式的。

定義設計模式

我們在日常工作、嗜好和家庭生活中都會談論我們的做事方式，並認識到一直在重複的模式。

- 肉桂卷就像圓麵包，但我在裡面加入了紅糖和堅果餡。
- 她的前花園和我的一樣，但我的花園裡用的是**泡盛草**（*astilbe*）。
- 這張桌子的結構和那張一樣，但在這張桌子上，門變成了抽屜。

我們在編寫程式時看到同樣的事，當我們告訴同事我們是如何完成一些棘手的程式開發，他們就不用從頭開始開發，我們只是辨識出物件在保持各自獨立存在的同時，進行有效溝通的方式。

總結：

設計模式是常用的演算法，它描述類別通訊的便利方式。

很明顯的，您不可能隨隨便便的**寫出**一個設計模式，事實上，大部分的模式是**被發現**，而不是寫出來的，尋找這些模式的過程被稱為**模式挖掘**（*pattern mining*），值得自成一書。

被選入最初《設計模式》一書中的 23 個設計模式有幾個已知應用的模式，並且相對通用，它們可以很容易的跨應用場域，並包含多個物件。

作者將這些模型分為三種類型：建立型、結構型和行為型。

- **建立模式**建立物件，而不是直接實例化物件，這給程式更多的靈活性，來決定在給定的個案中，哪些物件需要被建立。
- **結構模式**可以將物件群組成更大的結構，例如複雜的使用者介面或會計資料。
- **行為模式**可以定義系統中物件之間的通信，並控制複雜程式中的流程。

學習流程

作者發現學習設計模式是一個多步驟的過程：

1. 接受
2. 認可
3. 內化

首先，您接受設計模式在工作中很重要這一前提，接著意識到需要閱讀有關設計模式的資料，以確定何時可以使用它們，最後您將內化這些模式到足夠的程度，從而知道那些模式可以幫助您解決特定的設計問題。

對某些幸運的人來說，設計模式是明顯的工具，他們只需透過閱讀模式的摘要，就能掌握其基本應用。對於大部分的人來說，在閱讀了一個模式之後，會有一個緩慢的過渡期，接著是一個眾所周知的「啊哈」時刻，當我們了解如何將它們應用於工作中時，這些章節提供可自行嘗試的完整、有效的程式，幫助您進入內化的最終階段。

《設計模式》中的範例很簡短，是用 C++ 或是在某些情況下使用 Smalltalk 編寫的，如果您使用另一種語言，使用您選擇語言的模式範例很有幫助，本書這一部分試圖滿足 Python 程式開發人員的需求。

物件導向方法的注意事項

使用設計模式最根本的原因是要保持類別分離，並防止它們互相了解太多，同樣重要的是，使用這些模式幫助您避免重新造輪子，並讓您能夠簡潔的用其他程式設計師可以很容易理解的術語，來描述您編寫程式的方法。

物件導向程式設計師使用多種策略來實現這種分離，其中包括它們的封裝和繼承，幾乎所有具有物件導向功能的語言都支援繼承，從父類別繼承的類別，可以存取該父類別的所有方法，它還可以存取所有變數，但是藉由完整的工作類別開始繼承層次結構，可能會過度限制自己，並有需要特定方法實現的包袱。事實上，《設計模式》總是建議：

編寫程式到介面，而不是實作。

更簡潔的說，應該使用**抽象**類別或者是**介面**定義任何的類別層次結構的頂端，它不實作任何方法，只是定義類別將要支援的方法，然後在所有的衍生類別中，可以更自由的實作這些方法，盡可能地滿足最終目的。

Python 不直接支援介面，但它允許編寫抽象類別，其中方法沒有實作。記住，DButton 類別的 comd 介面沒有實作：

```
class DButton(Button):
    def __init__(self, master, **kwargs):
        super().__init__(master, **kwargs)
        super().config(command=self.comd)

    # 將被子類別調用的抽象方法
    def comd(self): pass
```

這是抽象類別一個很好範例，在這裡寫入衍生按鈕類別中命令方法的程式碼，它也是命令設計模式中的一個範例。

您應該要認識的另一個主要概念是**物件組合**，我們已經在 Statelist 範例中看到這個方法，物件組合只是建置包含其他物件的物件——將多個物件封裝在另一個物件中，許多初學物件導向的程式設計師，傾向於使用繼承來解決所有問題，但是當開始編寫更複雜的程式時，物件組合的優點就很明顯了，新物件可以擁有最適合預計完成工作的介面，而無須擁有父類別的所有方法，因此，《設計模式》提出的第二個主要原則是：

優先考慮物件組合而不是繼承。

在一開始這似乎與物件導向程式設計的習慣相反，但您會在設計模式中看到許多這種情況，我們發現在另一個物件中包含一個或多個物件是首選方法。

Python 設計模式

接下來的章節，將討論《設計模式》一書中的 23 種設計模式，以及至少一個該模式可執行的程式範例，這些程式還具有某種視覺化介面，以使它們看起來更直觀。

哪些設計模式最有用，這取決於個人，我們使用最多的是命令模式、工廠模式、裝飾者模式、門面模式、中介者模式，但在某些時候我們幾乎使用每一個模式。

參考資料

1. Erich Gamma, *Object-Oriented Software Development based on ET++,* (in German) (Springer-Verlag, Berlin, 1992).
2. Erich Gamma, Richard Helm, Ralph Johnson, and John Vlissides, *Design Patterns, Elements of Reusable Object-Oriented Software* (Reading, MA: Addison-Wesley, 1995).
3. James Cooper, *Java Design Patterns: A Tutorial* (Boston: Addison-Wesley: 2000).
4. James Cooper, *C# Design Patterns: A Tutorial* (Boston: Addison-Wesley, 2003).
5. Brandon Rhodes, "Python Design Patterns," https://python-patterns.guide.

Part II

建立型模式

所有建立型模式都處理建立物件實例的方法，這很重要，因為程式不應依賴於物件的建立和排列方式，當然在 Python 中，建立物件實例最簡單的方法是建立該類別類型的變數。

```
fred = Fred()           # 類別的實例
```

但是這實際上相當於寫死，具體取決於在程式中建立物件的方式，在許多情況下，所建立物件的確切性質，可能因程式的需求而異，將建立過程抽象成一個特殊的「建立者」類別，可以讓程式更加靈活通用。

- **工廠方法**：提供一個簡單的決策類別，它根據提供的資料傳回抽象基礎類別的幾個可能子類別之一。
- **抽象工廠方法**：提供了一個介面來建立和傳回幾個相關物件系列之一。
- **建造者模式**：將複雜物件的構造與其表示分離，以便可以根據程式的需要建立幾種不同的表示。
- **原型模式**：從一個實例化的類別開始，然後複製它以建立新的實例，這些實例可以使用它們的公開方法，進一步定制這些實例。
- **單例模式**：定義了一個不能有多個實例的類別，它提供對該實例的單一全域存取點。

第 5 章

工廠模式

我們在物件導向程式設計中反覆看到的一種模式是簡單工廠模式或是類別，簡單工廠模式傳回幾個可能類別之一的實例，具體取決於給它的資料，通常傳回的所有類別都有一個公用父類別和公用方法，但每個類別執行的任務不同，並且針對不同類型的資料進行了優化，這個簡單工廠模式不是 23 種 GoF 模式之一，但它在這裡做為對我們稍後將討論的工廠方法 GoF 模式的介紹。

工廠模式如何運作

讓我們考慮一個可以使用工廠類別的簡單案例，假設我們有一個輸入表單，並希望允許使用者輸入他們的名字為「firstname lastname」或是「lastname, firstname」，為了簡化這個例子，假設我們總是能夠透過姓氏和名字之間是否有逗號來決定名字的順序，圖 5-1 展示了這個簡單案例的類別圖。

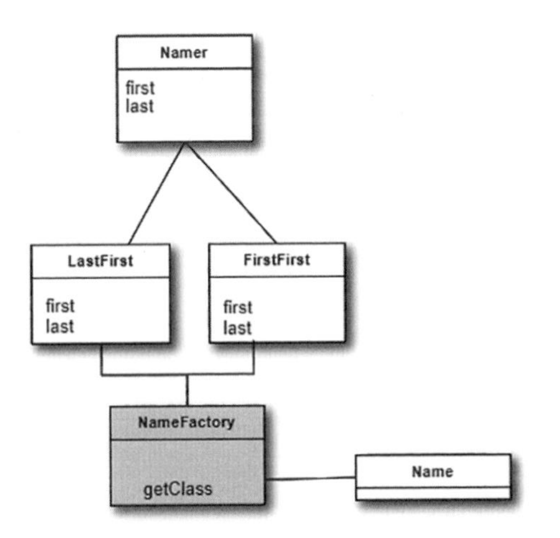

圖 5-1　LastFirst 和 FirstFirst 衍生自 Namer，NameFactory 產生兩者其一

在圖 5-1 中，Namer 是一個基礎類別，LastFirst 和 FirstFirst 類別都是由它衍生的，NameFactory 類別根據給的參數，決定傳回這些子類別中的哪一個。在右邊，getClass 方法被定義為傳入一些值，並傳回類別 Namer 的一些實例，程式設計師並不關心它傳回哪一個，因為它們都有相同的方法，但不同的實現，如何決定傳回哪一個完全取決於工廠，它可能是一個非常複雜的功能，但通常非常簡單。

範例程式碼

決定我們剛剛描述的兩種情況中的哪一種，是非常簡單的決定，可以在單一類別中使用簡單的 if 語句來做到這一點。但是讓我們在這裡用它來說明工廠是如何運作的，以及它可以產出什麼。我們將從定義一個簡單的基礎類別開始，它接受一個字串，並將其（以某種方式）拆分為兩個名稱：

```
# 基礎 Namer 類別
class Namer():
    def __init__(self):
        self.last=""
        self.first=""
```

在這個基礎類別中，我們不計算任何名稱，但我們確實為名字和姓氏提供占位，我們會將拆分後的名字和姓氏，儲存在字串 first 和 last 中，然後子類別可以存取它們，在這個簡單範例中，不需要 getter 和 setter 方法，去存取類別實例變數 *first* 和 *last*。

兩個子類別

現在我們可以編寫兩個非常簡單的子類別，在建構子中將名稱分成兩部分。在 FirstFirst 類別中，我們假設最後一個空格之前的所有內容都是名字的一部分：

```
# 給「First <空格> Last」使用的衍生 namer 類別
class FirstFirst(Namer):
    def __init__(self, namestring):
        super().__init__()
        i = namestring.find(" ")     # 找到空格
        if i > 0 :
            names = namestring.split()
            self.first = names[0]
```

```
            self.last = names[1]
        else:
            self.last = namestring
```

在 LastFirst 類別中，我們假設用逗號分隔姓氏，在這兩個類別中，還提供錯誤恢復，以防空格或逗號不存在。

```
# Last<逗號>First 的衍生 Namer 類別
class LastFirst(Namer):
    def __init__(self, namestring):
        super().__init__()
        i = namestring.find(",")  # 找到逗號
        if i > 0 :
            names = namestring.split(",")
            self.last = names[0]
            self.first = names[1]
        else:
            self.last = namestring
```

建立簡單工廠

現在我們簡單工廠類別非常簡潔，這裡只是測試是否存在逗號，再傳回其中一個類別或另一個類別的實例：

```
class NamerFactory():
    def __init__(self, namestring):
        self.name = namestring
    def getNamer(self):
        i = self.name.find(",") # 如果找到逗號
        if i>0:
           # 取得 LastFirst 類別
            return LastFirst(self.name)
         else:  # 取得 FirstFirst 類別
            return FirstFirst(self.name)
```

使用工廠

讓我們看看如何把它放在一起。在此範例中，我們建立了一個小程式，來詢問名稱字串，然後直接從控制台向工廠詢問正確的 Namer。

```
class Builder:
    def compute(self):
        name = “”
        while name != ‘quit’:
            name = input(“Enter name: “) # 取得名稱
            # 取得 Namer 工廠
            # 接著取得 namer 類別
            namerFact = NamerFactory(name)
            # 取得 namer
            namer = namerFact.getNamer()

            # 印出分開的名字
            print(namer.first, namer.last)

def main():
    bld = Builder()
    bld.compute()
```

實際程式按預期工作，找到逗號或空格，並分成兩個名稱：

```
Enter name: Sandy Smith
 Sandy Smith
Enter name: Jones, Doug
 Doug Jones
Enter name: quit
 quit
```

您輸入一個名稱，然後點擊「Compute」按鈕，分割後的名稱將出現在下一行，該程式的關鍵是取得文字、取得 Namer 類別的實例，並印出結果的計算方法。

一個簡單的圖形使用者介面

我們還使用 tkinter 建立了一個簡單的使用者介面，可以按任意順序輸入名稱，並查看分別顯示的兩個名稱。你可以在圖 5-2 中看到該程式。

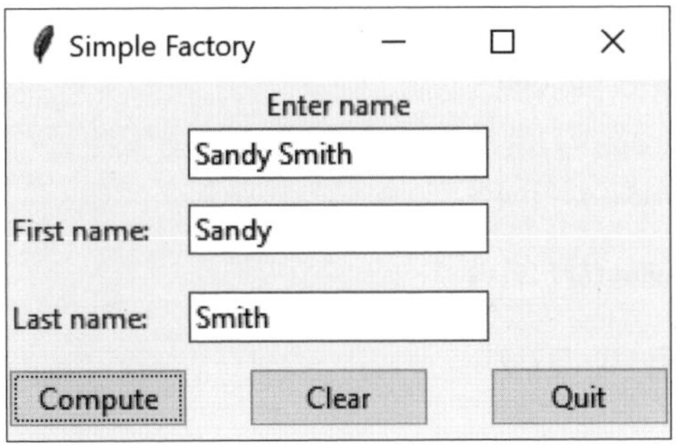

Simple Factory
Enter name
Sandy Smith
First name: Sandy
Last name: Smith
Compute Clear Quit

圖 5-2 簡單名稱工廠展示畫面

這就是簡單工廠模式的基本原則，建立一個抽象來決定傳回幾個可能的類別中的哪一個，並傳回一個，然後調用該類別實例的方法，而無須知道實際使用的是哪個子類別，這種方法將資料依賴問題與類別的有用方法分開。

數學計算中的工廠模式

使用工廠模式的人，往往認為它們是簡化複雜類別的工具。但它們也完全適合在單純執行數學計算的程式裡使用。例如在快速傅立葉轉換 (Fast Fourier Transform，FFT) 中，需要在要轉換的陣列中反覆用以下四個方程式，對大量點對重複計算，由於繪製這些計算的圖表的方式，這些方程式構成了傅立葉轉換「蝴蝶」的一個實例。如公式 1-4 所示。

$$R'_1 = R_1 + R_2\cos(y) - I_2\sin(y) \qquad (1)$$

$$R'_2 = R_1 - R_2\cos(y) + I_2\sin(y) \qquad (2)$$

$$I'_1 = I_1 + R_2\sin(y) + I_2\cos(y) \qquad (3)$$

$$I'_2 = I_1 - R_2\sin(y) - I_2\cos(y) \qquad (4)$$

但是，在每次通過資料的過程中有很多次，其中角度 y 為 0，在這種情況下，複雜數學評估簡化為公式 5–8。

$$R'_1 = R_1 + R_2 \qquad (5)$$

$$R'_2 = R_1 - R_2 \qquad (6)$$

$$I'_1 = I_1 + I_2 \qquad (7)$$

$$I'_2 = I_1 - I_2 \qquad (8)$$

接著可以建立一個簡單的工廠類別，來決定傳回哪個類別實例，由於我們正在製作蝴蝶，我們將把工廠稱為 Cocoon：

```
class Cocoon():
    def getButterfly(self, y:float):
        if y !=0:
            return TrigButterfly(y)
        else:
            return AddButterfly(y)
```

Github 範例程式碼

- NamerConsole.py：Namer 工廠的控制台版本
- NameUI.py：使用 UI 說明 Namer 工廠
- Cocoon.py：工廠模式的簡單原型

思考題

1. 考慮一個個人支票簿管理程式，例如 Quicken，它管理多個銀行帳戶和投資，並可以處理帳單支付，可以在哪裡使用工廠模式來設計這樣的程式？
2. 假設您正在編寫一個程式，來幫助屋主設計他們房屋的附加物，工廠可以用來生產哪些物件？

第 6 章

工廠方法模式（Factory Method Pattern）

在第五章中，我們看到了幾個最簡單的工廠例子。工廠概念在物件導向程式設計中反覆出現。在這種情況下，單一類別充當交通警察，並決定將實例化單一層次結構的哪個子類別。

工廠方法模式是這個想法的些微延伸，沒有一個類別決定實例化哪個子類別。事實上，父類別將實例化決定推遲到每個子類別。這種模式實際上沒有一個決策點，在這個決策點上，一個子類別被直接選擇而不是另一個類別。事實上，編寫此模式的程式定義了一個抽象類別，該類別建立物件，但讓每個子類別決定建立哪個物件。

我們可以從游泳比賽中將游泳者分道到泳道中的方式舉一個非常簡單的例子。當游泳運動員在給定項目中參加多個預賽時，他們被排序為從早期預賽中最慢的人到最後一場比賽中最快的人，並且他們被安排在一個預賽中，其中最快的游泳者在中心泳道。這個過程被稱為**直接分道**（*straight seeding*）。

當游泳者在錦標賽中游泳時，他們經常會游泳兩次。在預賽期間，每個人都進行比賽。然後在決賽中，前 12 名或 16 名的游泳選手回歸，相互較量。為了讓預賽更加公平，前三名的預賽是**循環種子**：最快的三名游泳者在最快的三名預賽中的中心泳道，第二快的三名游泳者在前三名的預賽中靠近中心的泳道，以此類推。

那麼，我們如何建立一些物件來實現這種分道機制，並像圖 6-1 一樣描繪工廠方法？首先，讓我們設計一個抽象的 Event 類別：

```
class Event():
    # self 在實際的類別中，會加入內容
    def getSeeding(self): pass
    def isPrelim(self): pass
    def isFinal(self): pass
    def isTimedFinal(self): pass
```

注意將 pass 語句放在同一行來簡化程式碼，以避免看起來雜亂無章。

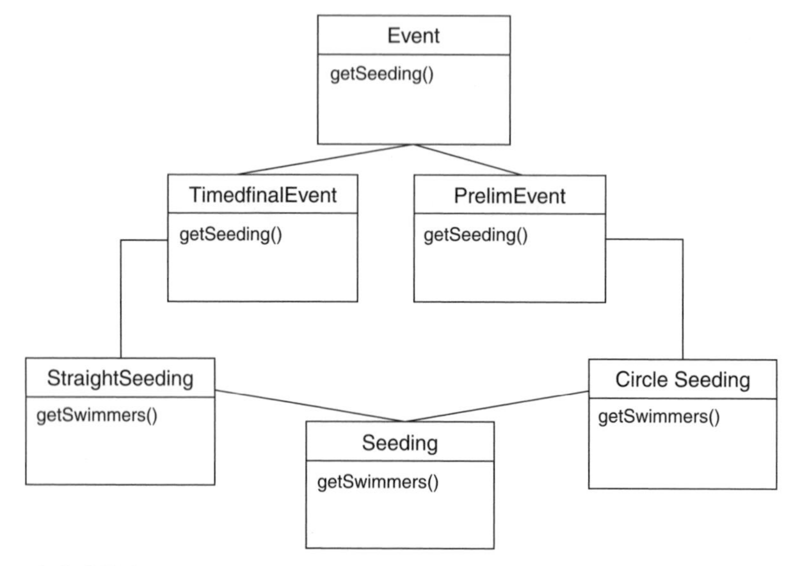

圖 6-1 工廠方法模式

這簡單地定義了方法，無須在方法中加入內容。我們可以從 Event 類別中衍生出具體的 PrelimEvent 和 TimedFinalEvent 類別，這些類別之間的唯一區別是一個傳回某種分道，另一個傳回另一種分道。

我們還定義了一個具有以下方法的抽象 Seeding 類別：

```
class Seeding:
    def getSwimmers(self): pass
```

接著我們可以建立兩個具體的分道子類別：StraightSeding 和 CircleSeeding。PrelimEvent 類將傳回一個 CircleSeding 的實例，而 TimedFinalEvent 類別將傳回一個 StraightSeeding 的實例。因此，我們看到我們有兩個層次結構：一個 Event 和一個 Seeding。

在 Event 層次結構中，兩個衍生的 Event 類別都包含一個 getSeeding 方法。其中一個傳回一個 StraightSeding 的實例，另一個傳回一個 CircleSeding 的實例。如您所見，沒有像我們在簡單範例中那樣「真正的」工廠決策點。相反地，關於實例化哪個 Event 類別的決定，是決定將實例化哪個 Seeding 類別。

儘管看起來兩個類別層次結構之間存在一一對應的關係，但情況並非如此。可能有多種事件，而它們使用的種子只有幾種。

游泳者類別

我們沒有對 Swimmer 類別進行過多介紹，只是它包含名稱、俱樂部年齡、種子時間、分道後比賽和泳道的位置。Event 類別從某個資料庫（在我們的範例中是一個檔案）中讀取游泳者，然後在您為該事件調用 getSeeding 方法時，將該 List 傳遞給 Seeding 類別。

簡而言之：

```
class Swimmer():
    def __init__(self, dataline):
        # 讀進一列，並分開所有欄位
        sarray = dataline.split()
        self.frname=sarray[1]       # 名稱
        self.lname=sarray[2]
        self.age=int(sarray[3])     # 年齡
        self.club=sarray[4]         # 俱樂部標誌
        self.seedtime=sarray[5]     # 種子時間
        self.time=0.0               # 設定預設值
        self.lane=0  # 已分道的比賽和泳道放這
        self.heat=0
    # 把姓名連在一起
    def getName(self):
        return self.frname+" "+self.lname # 結合
```

事件類別

我們之前已經看到了抽象基礎 Event 類別。在實際使用中，我們使用它來讀取游泳者資料（這裡從檔案中讀取），並傳遞給 Swimmer 類別的實例進行解析。

```
class Event():
    def __init__(self, filename, lanes):
        self.numLanes = lanes
        self.swimmers=[]        # 泳者陣列
        # 讀入 event 的資料檔
        f = open(filename, "r")
```

```
        # 讀入 Swimmer 類別，然後解析每一行
        for swstring in f:
            sw = Swimmer(swstring)
            self.swimmers.append(sw)
        f.close()
```

PrelimEvent 類別只傳回一個 CircleSeding 的實例：

```
class PrelimEvent (Event):
 # 建立一個preliminary event的circle seeding
    def __init__(self, filename, lanes):
        super().__init__(filename, lanes)

    def  getSeeding(self):
        return CircleSeeding(self.swimmers, self.numLanes)
```

而 TimedFinalEvent 傳回一個 StraightSeeding 的實例：

```
class TimedFinalEvent (Event):
# 建立一個直接分道的 event
   def __init__(self, filename,  lanes):
        super().__init__(filename, lanes)

   def getSeeding(self):
        return StraightSeeding(self.swimmers, self.numLanes)
```

直接分道（Straight Seeding）

在實際編寫這個程式時，我們會發現大部分工作都是在直接分道中完成的。循環分道的變化非常小。所以我們實例化我們的 StraightSeeding 類別，並複製到游泳者清單和泳道數中：

```
class StraightSeeding(Seeding):
    def __init__(self, sw, nlanes):
        self.swimmers = sw
        self.numLanes = nlanes
        self.count = len(sw)
        self.lanes = self.calcLaneOrder()
        self.seed()
```

然後，作為建構子的一部分，我們進行基本的分道。

```
  def seed(self):
# 讀取泳者陣列並排序
    asw = self.sortUpwards()  # 最後分組賽的數字
    self.lastHeat = self.count % self.numLanes
    if (self.lastHeat < 3):
        self.lastHeat = 3 # 最後分組賽為 3 以上

    lastLanes =self.count - self.lastHeat
    self.numHeats = self.count / self.numLanes

    if (lastLanes > 0):
        self.numHeats += 1 # 計算分組賽數量
    heats = self.numHeats

    # 在每個游泳者物件放分組賽和泳道
    j = 0
      # 從最快的讀到最慢的
      # 所以我們從最後的分組賽開始 # 然後繼續下去
    for i in range(0, lastLanes) :
        sw = asw[i] # 取得每個游泳者
        sw.setLane(self.lanes[j]) # 複製到泳道上
        j += 1
        sw.setHeat(heats) # 以及分組賽
        if (j >= self.numLanes):
            heats -= 1 # 下個分組賽
            j=0

# 加入 last partial heat
    if (j < self.numLanes):
         heats -= 1
         j = 0

    for i in range(lastLanes-1, self.count):
         sw = asw[i]
         sw.setLane(self.lanes[j])
         j += 1
         sw.setHeat(heats)

# 複製陣列到 list 中
    swimmers = []
    for i in range(0, self.count):
        swimmers.append(asw[i])
```

當您調用 getSwimmers 方法時，這使得整個種子游泳者陣列可用。

循環分道（Circle Seeding）

CircleSeding 類別衍生自 StraightSeding，因此它複製相同的資料。

```
class CircleSeeding(StraightSeeding):
    def __init__(self, sw, nlanes):
        super().__init__(sw, nlanes)

    def seed(self):
        super().seed() # 預設執行直接分道
        if (self.numHeats >= 2):
            if (self.numHeats >= 3):
                circle = 3
            else:
                circle = 2
        i = 0

        for j in range(0, self.numLanes):
            for k in range(0, circle):
                self.swimmers[i].setLane(self.lanes[j])
                self.swimmers[i].setHeat(self.numHeats - k)
               i += 1
```

因為建構子調用父類別建構子，所以它複製了游泳者向量和泳道值。我們調用 super.seed() 進行直接分道。這簡化了程式設計，因為我們總是需要透過直接分道來分道剩餘的預賽。然後我們分道最後兩到三場預賽，如上所示，我們也完成了這種類型的分道。

我們的分道計畫

在此範例中，我們列出了參加 500 碼自由式和 100 碼自由式的游泳運動員的名單，並使用它們來建立我們的 TimeFinalEvent 和 PrelimEvent 類別。

調用這兩個分道的程式碼非常簡單。控制台版本允許您輸入 1 或 5 或 0（退出）。

```
class Builder():

    def build(self):
        dist=1
        while dist > 0:
            dist = int(input(
```

```
        'Enter 1 for 100, 5 for 500 or 0 to quit: '))
            if dist==1 or dist ==5:
                self.evselect(dist)

    # 分道已選事件
    def evselect(self, dist):
        # 只有兩個游泳者檔案
        # 我們讀進其中一個

        if dist == 5 :
            event = TimedFinalEvent(
                "500free.txt", 6)
        elif dist ==1:
            event = PrelimEvent("100free.txt", 6)

        seeding = event.getSeeding()    # 工廠
        swmrs= seeding.getSwimmers()    # 做分道

        # 印出依照分道排序的泳者清單
        for sw in swmrs:
           print(f'{sw.heat:3}{sw.lane:3} {sw.getName():20}{sw.age:3}
                            {sw.seedtime:9}')

# -----main 從這裡開始 ----
def main():
    builder = Builder()
    builder.build()
```

您可以看到這兩個分道的結果：

```
Enter 1 for 100, 5 for 500 or 0 to quit: 1
 13  3 Kelly Harrigan        14 54.13
 12  4 Torey Thelin          14 55.03
 11  2 Lindsay McKenna       13 55.10
 13  5 Jen Pittman           14 55.67
 12  1 Annie Goldstein       13 55.82
 11  6 Kyla Burruss          14 56.04
```

我們還建立了一個視覺畫面，但您不必使用它。由於控制台和 GUI 版本都使用相同的類別，我們將它們全部放在一個單獨的檔案 SwimClasses.py 中，並告訴主程式導入它使用的兩個類別引用：

```
from SwimClasses import TimedFinalEvent, PrelimEvent
```

這些檔案只需要在同一個目錄中。

在圖 6-2 中，Treeview 小元件製作了一個外觀精美的表。

Seeding

500 Free
100 Free

H	L	Name	Age	Seed
13	3	Kelly Harrigan	14	54.13
12	3	Torey Thelin	14	55.03
11	3	Lindsay McKenna	13	55.10
13	4	Jen Pittman	14	55.67
12	4	Annie Goldstein	13	55.82
11	4	Kyla Burruss	14	56.04
13	2	Kaki Dudley	13	56.06
12	2	Lindsay Woodwa	13	56.30

Seeding

500 Free
100 Free

H	L	Name	Age	Seed
13	3	Emily Fenn	17	4:59.54
13	4	Kathryn Miller	16	5:01.35
13	2	Melissa Sckolnik	17	5:01.58
13	5	Sarah Bowman	16	5:02.44
13	1	Caitlin Klick	17	5:02.59
13	6	Caitlin Healey	16	5:03.62
12	3	Kim Richardson	17	5:04.32
12	4	Beth Malinowski	16	5:04.77

圖 6-2　500 公尺自由式直接分道和 100 公尺自由式循環分道

其他工廠

我們跳過的一個問題是讀取游泳者資料的程式如何決定產生哪種事件。我們在這裡透過簡單地直接調用兩個建構子來解決這個問題：

```
i = int(index[0])  # 這是列號
# 這裡只有兩個游泳者的檔案
# 我們讀入其中一個
if i <=0 :
    event = TimedFinalEvent("500free.txt",6)
```

```
else:
    event = PrelimEvent("100free.txt", 6)
```

顯然，這是一個可能需要 EventFactory 來決定產生哪種事件的實例。這重新審視了我們開始討論的簡單工廠。

何時使用工廠方法

在這些情況下，您應該考慮使用工廠方法：

- 一個類別無法預測它必須建立哪種類型的物件。
- 一個類別使用它的子類別來指定它建立的物件。
- 您想要本地化建立哪個類別的知識。

工廠模式有幾個類似的變體需要識別：

1. 基礎類別是抽象的，模式必須傳回一個完整的工作類別。
2. 基礎類別包含預設方法，只有在預設方法不足時才進行子類化。
3. 參數被傳遞給工廠，告訴它傳回幾個類別類型中的哪一個。在這種情況下，這些類別可能共享相同的方法名稱，但做的事情卻截然不同。

GitHub 範例程式碼

- SwimFactoryConsole.py：控制台分道程式
- SwimClasses.py：所有三個版本都使用的類別
- SwimFactory.py：將清單放入 listbox 中
- SwimFactoryTable.py：將清單放入 Treeview

第 7 章

抽象工廠模式

抽象工廠模式是比工廠模式高一級的抽象。當您想要傳回幾個相關的物件類別中的一個時，您可以使用此模式，每個類別都可以根據請求傳回幾個不同的物件。換句話說，抽象工廠是一個工廠物件，它傳回幾組類別之一。決定使用該組中的哪個類別，甚至可能來自簡單工廠。

抽象工廠的一個經典應用是您的系統需要支援多種「感覺」的使用者介面，例如 Windows、Gnome 或 OS/X。您告訴工廠您希望程式看起來像 Windows，它傳回一個 GUI 工廠，它傳回類似 Windows 的物件。然後，當您請求特定物件（例如按鈕、核取方塊和視窗）時，GUI 工廠會傳回這些視覺化介面元件的 Windows 實例。

GardenMaker 工廠

讓我們考慮一個簡單的範例，說明您何時可能希望在應用程式中使用抽象工廠。

假設您正在編寫一個程式來規劃花園的空間配置。這些可以是一年生花園、菜園或多年生花園。無論您計劃建造哪種花園，您都想問同樣的問題：

1. 什麼是好的外圍植物？
2. 什麼是好的中心植物？
3. 哪些植物適合部分遮蔭？

您可能還有許多其他植物問題，我們將在這個簡單範例中省略。

我們想要一個可以回答這些問題的基礎 Garden 類別：

```
class Garden:
    def getShade(): pass
    def getCenter(): pass
    def getBorder(): pass
```

我們簡單的 Plant 物件只包含並傳回植物名稱：

```
class Plant:
    def __init__(self, pname):
        self.name = pname      # 儲存名稱
    def getName(self):
        return self.name
```

在實際系統中，每種類型的花園都可能會查閱詳盡的植物訊息資料庫。在我們的簡單範例中，我們將傳回每種植物的一種資訊。因此，以菜園為例，我們只需編寫：

```
# 三個 Garden 子類別的其中一個
class VeggieGarden (Garden):
    def getShade(self):
        return Plant("Broccoli")
    def getCenter(self):
        return Plant("Corn")
    def getBorder(self):
        return Plant("Peas")
```

以類似的方式，我們可以為 PerennialGarden 和 AnnualGarden 建立 Garden 類別。現在我們有一系列 Garden 物件，每個物件都傳回幾個 Plant 物件中的一個。工廠實際上只是三個 ChoiceButtons，衍生自 Radiobutton。

```
ChoiceButton(lbframe, 'Vegetable', 0, VeggieGarden,
        self,  groupv)
ChoiceButton(lbframe, 'Annual', 1, AnnualGarden,
        self, groupv)
ChoiceButton(lbframe, 'Perennial', 2,
        PerennialGarden, self, groupv)
```

每個 ChoiceButton 都有自己的 comd 方法，將正確的 Garden 實例複製到主要的 Gardener 類別中：

```
# 點擊會到這
# 畫布會被清空
def comd(self):
    self.gardener.setGarden(self.garden)
    self.gardener.clearCanvas()
```

當您點擊中心、邊框或陰影按鈕時，該按鈕會將當前遮蔭植物的名稱寫入畫布上。

例如：

```
def setCenter(self):
    self.canv.create_text(100,120,
             text=self.garden.getCenter(self).getName())
```

這個簡單工廠系統可以與更複雜的使用者介面一起使用，以選擇花園並開始規劃它（見圖 7-1）。

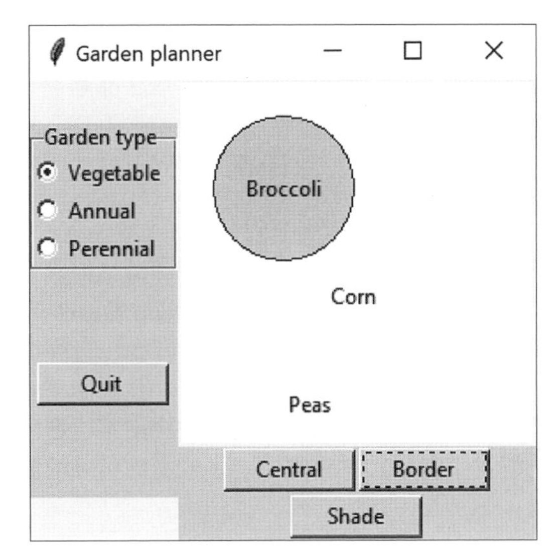

圖 7-1　園林規劃師介面

使用者介面的工作原理

這個簡單的介面由兩部分組成：在左側，您選擇花園類型；在右側，您選擇植物類別。當您點擊其中一種花園類型時，這將啟動抽象工廠，並將正確的花園複製到 Gardener 類別中。然後，當使用者點擊植物類型按鈕之一時，將傳回植物類型並顯示該植物的名稱。

抽象工廠的一大優勢是您可以輕鬆添加新的子類別。例如，如果您需要 GrassGarden 或 WildFlowerGarden，您可以將 Garden 子類化，並產生這些類別。您需要對任何現有程式碼進行的唯一更改，就是添加一些方法來選擇這些新類型的花園。

抽象工廠模式的影響

抽象工廠的主要目的之一是分隔產生的具體類別。這些類別的實際類別名稱隱藏在工廠中，不需要在客戶端級別知道。

由於類別的這種隔離，您可以自由地更改或交換這些產品類別家族。此外，由於只產生一種具體類別，該系統可以防止您無意中使用來自不同產品家族的類別。但是，添加新的類別家族需要一些努力，因為需要定義新的、明確的條件來導致傳回這樣一個新的類別家族。

儘管抽象工廠產生的所有類別，都具有相同的基礎類別，但沒有什麼可以阻止某些子類別具有與其他類別的方法不同的附加方法。例如，BonsaiGarden 類別可能具有其他類別中不存在的 Height 或 WateringFrequency 方法。這提出了與任何子類別相同的問題：除非您知道該子類別是否允許這些方法，否則您不知道是否可以調用類別方法。這個問題與任何類似情況有相同的兩個解決方案：您可以在基礎類別中定義所有方法，即使它們並不總是具有實際功能，或者您可以測試以查看您擁有哪種類別。

思考題

如果您正在編寫一個程式來追蹤投資，例如股票、債券、金屬期貨和衍生品，您將如何使用抽象工廠？

GitHub 範例程式碼

程式 Gardening.py 啟動本章所示的使用者介面，以及抽象工廠和各種花園類別的練習。

第 8 章

單例模式

單例模式與其他建立模式組合在一起，儘管在某種程度上，它是一種「非建立」模式。在程式設計中有許多情況，您需要確保可以有一個、並且只有一個類別的實例。例如，您的系統可以只有一個視窗管理器或列印排存器（print spooler）程式，以及對資料庫引擎的單點存取。

Python 沒有直接從所有類別實例存取單個靜態變數的功能，因此簡單的標誌不起作用。事實上，這種技術利用了您可能不知道的兩個微妙的 Python 特性：static 方法和 __instance 變數。

Python 有一個裝飾者，它告訴編譯器在一個類別中只建立一個靜態方法：

```
@staticmethod
```

這讓方法遵循靜態，而不是為類別的每個實例，建立全新的副本。這個類別的開頭是這樣寫的：

```
class Singleton:
    __instance = None

    # 在這宣告靜態方法
    @staticmethod
    def getInstance():
        if Singleton.__instance == None:
            Singleton()
        return Singleton.__instance
```

基本上，它表示如果 __instance 變數為 None，則建立一個 Singleton 實例。

因為建構子不傳回值，所以問題是如何找出建立實例是否成功。

在 tutorialspoint.com 網站上提出的最佳方法，是建立一個在多次實例化時拋出例外的類別。我們為這種情況建立自己的 Exception 類別：

```
class SingletonException(Exception):
    def __init__(self, message):
        # 調用基礎類別建構子
            # 以及參數（如果需要的話）
        super().__init__(message)
```

這裡要注意的地方是，除了透過 super() 方法調用它的父類別之外，這個新的例外類型並沒有做任何特別的事情。但是，擁有我們自己命名的例外類型仍然很方便，這樣當我們嘗試建立 PrintSpooler 實例、或我們建立為 Singleton 的任何其他實例時，編譯器會警告我們必須捕捉的例外類型。

拋出例外

Singleton 的其餘部分只是 __init__ 方法，首先建立類別。

```
def __init__(self, name):
    if Singleton.__instance != None:
        raise SingletonException(
                "This class is a singleton!")
    else:
        Singleton.__instance = self
        self.name = name
        print("creating: "+ name)
```

如果還沒有 Singleton 的實例，它會建立一個，並儲存在 __instance 變數中。如果已經有一個實例，我們會引發 SingletonException。

建立類別的實例

現在我們已經在同名類中建立了一個簡單的單例模式，我們來看看如何使用它。請記住，我們必須將每個可能拋出例外的方法，都包含在 try-except 區塊中。

```
try:
    al = Singleton("Alan")
    bo = Singleton("Bob")
except SingletonException as e:
```

```
    print("two instances of a Singleton")
    details = e.args[0]
    print(details)
else:
    print (al.getName())
    print(bo.getName())
```

然後，如果執行這個程式，我們會收到以下兩條訊息：

```
creating: Alan
two instances of a Singleton
This class is a singleton!
```

最後兩行表示按預期拋出例外。產生一條訊息來捕捉例外，另一條訊息由 Singleton 本身提供。

這種方法的一個優點是，您可以將單例限制為大於 1 的少數實例，而無須重新進行大量程式開發（如果您能想到用這種方法的理由）。

靜態類別作為單例模式

標準 Python 類別庫中已經有一種 Singleton 類別：math 類別。這個類別的所有方法都聲明為 @staticmethod，這意味著該類別不能被繼承。math 類別的目的是將常見的數學函式（例如 sin 和 log）包裝在類別結構中，因為 Python 語言不支援不是類別中方法的函式。

您可以對 Singleton Spooler 模式使用相同的方法，為其提供靜態方法。您不能建立任何類別的實例，例如 math 或 this Spooler，只能在現有的 final 類別中直接調用靜態方法。

```
class Spooler:
    @staticmethod
    def printit(text):
        print(text) # 模擬列印
name = "Fred"
Spooler.printit(name)
```

請注意，我們現在直接調用 Spooler printit 方法作為 Spooler.printit。

在大型程式中找到單例

在大型、複雜的程式中，要發現 Singleton 在程式碼中的哪個位置被實例化可能並不容易。

一種解決方案是在程式開始時建立這樣的單例，並將它們作為參數傳遞給可能需要使用它們的主要類別。

```
pr1 = iSpooler.Instance()
cust = Customers(pr1)
```

一個更複雜的解決方案可能是為程式中的所有 Singleton 類別建立一個註冊表，並讓註冊表通用。每次 Singleton 實例化自己時，它都會在註冊表中註明。然後，程式的任何部分都可以使用識別字串請求任何單例的實例，並取回該實例變數。

註冊表方法的缺點是可能會減少類型檢查，因為註冊表中的單例表可能會將所有單例保存為物件（例如，在 `Hashtable` 物件中）。當然註冊表本身可能是一個單例，必須使用建構子或各種集合函式，將其傳遞給程式的所有部分。

單例模式的其他影響

單例模式的影響包括：

1. 將 Singleton 子類化可能很困難，因為這只有在基礎 Singleton 類別尚未實例化時才有效。
2. 您可以輕鬆更改 Singleton 以允許少量實例，在這些實例中這是被允許且有意義的。

GitHub 範例程式碼

- Spooler.py：Spooler 的原型
- Testlock.py：建立單例的單一實例

第 9 章

建造者模式

我們已經看到工廠模式傳回幾個不同子類別的其中一個，這取決於傳遞給建立方法的參數中的資料。但是假設我們不想要一個運算演算法，而是根據我們需要顯示的資料建立一個完全不同的使用者介面。一個典型的例子可能是電子郵件地址簿。地址簿中可能同時包含人員和人員群組，您希望地址簿的顯示會發生變化，讓「人員」螢幕上有名字和姓氏、公司、電子郵件地址和電話號碼的位置。

換句話說，如果您顯示群組地址頁面，希望查看群組的名稱、目的、成員清單及其電子郵件地址。點擊一個個人條目並獲得一個畫面，點擊一個群組條目並獲得另一個畫面。假設所有電子郵件地址都保存在一個名為 Address 的物件中，並且人員和群組都衍生自這個基礎類別（見圖 9-1）。

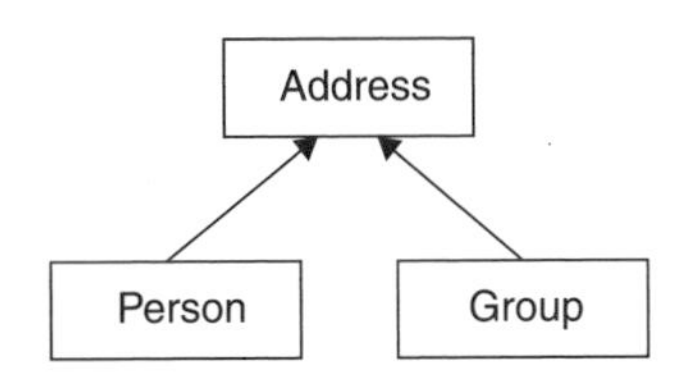

圖 9-1　顯示個人或群組的簡單地址簿

根據我們點擊的 `Address` 物件的類型，我們希望看到該物件屬性的顯示有所不同。這不僅僅是一個工廠模式，因為我們傳回的物件不是基本顯示物件的簡單後代，而是由顯示物件的不同組合組成的完全不同的使用者介面。建造者模式根據資料以各種方式組裝許多物件，例如顯示小元件。此外，由於 Python 是少數幾種可以將資料從顯示方法清晰地分離為簡單物件的語言之一，因此 Python 是實現建造者模式的理想語言。

投資追蹤器

我們來考慮一個更簡單的情況，您希望有一個類別來建立 UI。假設要編寫一個程式來追蹤您的投資績效。您可能有股票、債券和共同基金。假設想在每個類別中顯示您的持股清單，以便可以選擇一項或多項投資，並繪製它們的比較表現。

即使您無法事先預測在任何給定時間內可能擁有多少種投資，也需要一個好用的介面，無論是大量的資金（如股票）還是少量的資金（例如共同基金）。在每種情況下，您都需要某種多選介面，以便您可以選擇一個或多個基金來繪製。對於大量資金，您可以使用多選 listbox；對於三個或更少的資金，您可以使用一組核取方塊。在這種情況下，您希望您的 Builder 類別產生一個取決於要顯示的項目數量的介面，但具有相同的方法來傳回結果。

接下來的兩個圖展示了使用者介面。圖 9-2 為第一個畫面，用於大量股票。圖 9-3 為第二個畫面，用於少量債券。

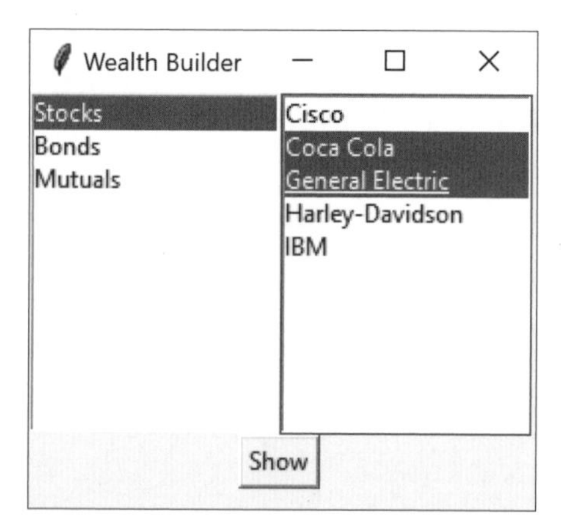

圖 9-2　帶有股票顯示畫面的 Wealth Builder

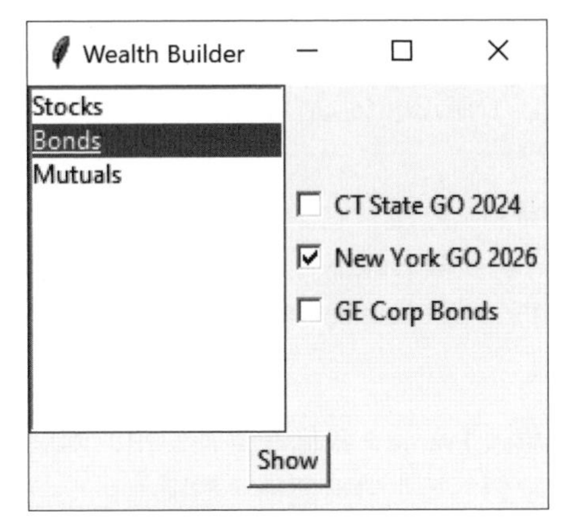

圖 9-3 帶有債券顯示畫面的 Wealth Builder

然後，按下「Show」按鈕可以顯示所選擇的證券，無論你選擇了哪一種顯示類型（見圖 9-4）。

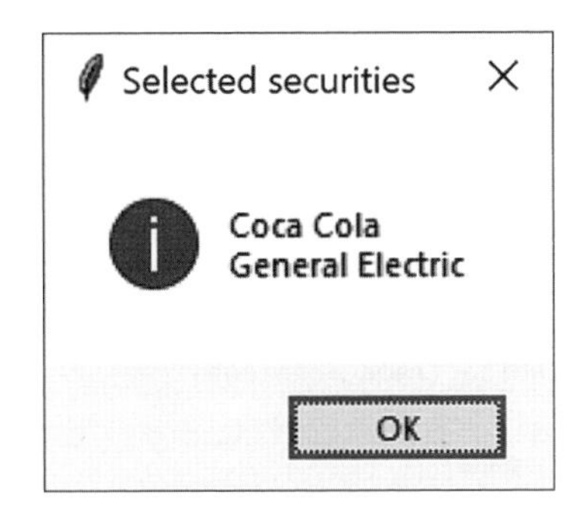

圖 9-4 選定證券的顯示畫面

現在我們考慮如何建立介面來執行這個變數顯示。我們將從定義我們需要實作的方法的 MultiChoice 抽象類別開始：

```
class MultiChoice:
    def __init__(self, frame, choiceList):
        self.choices = choiceList    # 儲存清單
        self.frame = frame

   # 將在衍生類別中實作
    def makeUI(self): pass        # 元件的 frame
    def getSelected(self): pass  # 取得項目列表
```

```
    # 清理 frame 中的元件
    def clearAll(self):
        for widget in self.frame.winfo_children():
            widget.destroy()
```

注意基礎類別中的 clearAll 方法。它只是從 frame 中刪除所有元件，並且無論 frame 包含 listbox 還是一組核取方塊都有效。我們使用在第 2 章「Python 中的視覺化程式開發」中開發的同一個 CheckBox 類別，因為它保持 IntVal 指示該 frame 是否被選取。

makeUI 方法用多選顯示填入 Frame。我們在這裡使用的兩個顯示是一個核取方塊面板和一個 listbox 面板，它們都衍生自這個抽象類別：

```
class ListboxChoice(MultiChoice):
```

或

```
class CheckboxChoice(MultiChoice):
```

然後建立一個簡單的 Factory 類別，來決定傳回這兩個類別中的哪一個：

```
class ChoiceFactory:
   """ 這個類別傳回一個 Panel，
   其中包含由 UI 方法顯示的一組選擇 """
   def getChoiceUI(self, choices, frame):
        if len(choices) <=3:
            # 傳回 checkboxes 的 panel
            return CheckboxChoice(frame, choices)
        else:
            # 傳回一個 list box panel
            return ListboxChoice(frame, choices)
```

在《設計模式》的語言中，這個工廠類別被稱為 Director，而從 MultiChoice 衍生的實例類別是每個 Builders。

呼叫建造者

我們將需要一個或多個建構子，因此我們可能將主類別稱為 Architect 或 Contractor。然而，我們在這個例子中處理的是投資清單，所以我們就稱之為 WealthBuilder。在這個主類別中，我們建立了使用者介面，由一個 Frame 組成，其中心分為 1×2 grid 版面配置（見圖 9-2 和 9-3）。左側部分包含我們的投資類型清單，右側部分是一個空 panel，我們將根據選擇的投資類型進行填入。第二個 grid 行包含顯示按鈕，其 columnspan 為 2。

```
class BuildUI():
    def __init__(self, root):
        self.root = root
        self.root.geometry("250x200")
        self.root.title("Wealth Builder")
        self.seclist=[] # 建立一個空的清單
```

在這個簡單的程式中，我們將三個投資清單保存在 Securities 類別的三個實例中，該實例具有一個名稱和一個該類型的證券名稱清單。作為程式初始化的一部分，我們用任意值加載它們：

```
def build(self):
    # 建立 securities list
    self.stocks= Securities("Stocks",
         ["Cisco", "Coca Cola", "General Electric",
         "Harley-Davidson", "IBM"])
    self.seclist.append(self.stocks)
    self.bonds = Securities("Bonds",
        ["CT State GO 2024", "New York GO 2026",
            "GE Corp Bonds"] )
    self.seclist.append(self.bonds)
    self.mutuals = Securities("Mutuals",
        ["Fidelity Magellan", "T Rowe Price",
             "Vanguard Primecap", "Lindner"])
    self.seclist.append(self.mutuals)
```

在實際系統中，我們可能會從檔案或資料庫中讀取它們。當使用者點擊左側 Listbox 中的三種投資類型之一時，我們將等效的 Securities 類別傳遞給您的 Factory，它傳回 Builders 之一：

```
# 當左邊的 list box 被選擇時回呼
def lbselect(self, evt):
    index = self.leftList.curselection()  # 一個元組
    i = int(index[0])  # 這是實際的 index
    securities = self.seclist[i]
    cf = ChoiceFactory()
    self.cui = cf.getChoiceUI(securities.getList(),
             self.rframe)
    self.cui.makeUI()
```

我們確實將工廠建立的 MultiChoice 面板保存在 cui 變數中，以便將其傳遞給 Plot 對話框。

listbox 建造者

兩個建造者中較簡單的是 listbox 建造者。它傳回一個面板，其中包含一個顯示投資清單的 listbox。

```
class ListboxChoice( MultiChoice):

    def  __init__(self, frame, choices):
        super().__init__(frame, choices)

    # 建立並且將 listbox 加入 frame 中
    def makeUI(self):
       self.clearAll()
      # 建立一個包含 list box 的 frame
       self.list = Listbox(self.frame,
                  selectmode=MULTIPLE)    # list box
       self.list.pack()

    # 將 investments 加入 list box
       for st in self.choices:
           self.list.insert(END, st)
```

此類別中的另一個重要方法是 getSelected 方法，它傳回使用者選擇的投資的字串陣列：

```
# 傳回一個所選元素的清單
    def getSelected(self):
        sel = self.list.curselection()
        selist=[]
        for i in sel:
            st = self.list.get(i)
            selist.append(st)
        return selist
```

核取方塊建造者

核取方塊建造者更加簡單。在這裡，我們需要找出要顯示多少個元素，並建立一個包含那麼多分區的水平 grid。然後我們在每條 grid 線中插入一個核取方塊：

```
class CheckboxChoice(MultiChoice):
    def __init__(self, panel, choices):
        super().__init__(panel, choices)
```

```
    # 建立 checkbox UI
    def makeUI(self):
        self.boxes = []  # checkbox 清單
        self.clearAll()
        r = 0
        for name in self.choices:
            var = IntVar()  # 建立 IntVar
            # 建立 checkbox
            cb = Checkbox(self.frame, name, var)
            self.boxes.append(cb)  # 將它加入到清單中
            cb.grid(column=0, row=r, sticky=W)
            r += 1

     # 傳回所選的核取方塊清單
    def getSelected(self):
        items=[]          # 空清單
        for b in self.boxes:
            if b.getVar() > 0:
                items.append(b.getText())
        return items
```

顯示選定的證券

當您點擊「Show」按鈕時，該按鈕會向建造者詢問當前 UI，並取得所選證券的清單，如前面使用 `lbselect` 方法所示。請注意，這調用了 `Securities.getList()` 方法，該方法傳回被選取的清單，而不管顯示的是哪個介面，因為 `ListBoxChoice` 和 `CheckBoxChoice` 類別都有 `getList` 方法。

建造者模式的影響

建造者模式的影響包括：

1. 建造者使您能夠改變它建造的產品的內部表示。它還隱藏了產品組裝方式的細節。
2. 每個特定的建造者都獨立於其他建造者，也獨立於程式的其餘部分。這提高了模組化，並使添加其他建造者相對簡單。

3. 因為每個建造者一步一步地建造最終產品，根據資料，您對它建造的每個最終產品都有更多的控制權。

Builder 模式有點像抽象工廠模式，因為兩個傳回類別都由許多方法和物件組成。主要區別在於抽象工廠傳回一系列相關類別，而建造者根據提供給它的資料逐步建造一個複雜物件。

思考題

1. 一些文字處理和圖形程式根據所顯示資料的上下文動態建構選單。您如何在這裡有效地使用建造者？
2. 不是所有的建造者都必須建造視覺物件。您可以使用建造者在個人理財行業建立什麼？假設您正在為由五到六個不同項目組成的田徑比賽計分，您可以在那裡使用建造者嗎？

GitHub 範例程式碼

- BuilderChoices.py：建立 WealthBuilder 顯示畫面

第 10 章

原型模式

當建立類別的實例非常耗時或以某種方式複雜時，使用原型模式。您無須建立更多實例，而是製作原始實例的副本，並根據需要修改副本。

當您需要的類別僅在它們提供的處理類型上有所不同時，也可以使用原型——例如，在解析表示不同基數的數字的字串時。

我們來考慮一個擴展資料庫的情況，您需要在其中進行大量查詢來建立答案。當您將此答案作為表格或結果集時，您可能希望對其進行操作來產生其他答案，而無須發出額外的查詢。

在我們一直在研究的案例中，讓我們考慮一個聯盟或全州組織中大量游泳運動員的資料庫。每個游泳者在一個賽季中會游幾次泳程和距離。游泳者的最佳時間按年齡組列出，許多游泳者在一個季節內過生日並進入新的年齡組。因此，確定哪個游泳運動員在那個季節在他們的年齡組中表現最好的查詢，取決於每次比賽的日期和每個游泳運動員的生日。因此，產出這個時間表的計算成本相當高。

一旦我們有了一個包含這個按性別排序的表的類別，我們可能想要檢查這些訊息，這些訊息僅按時間或僅按實際年齡而不是按年齡組排序。重新計算這些資料是不明智的，我們不想破壞原始資料順序，而是想要某種資料副本。

Python 中的複製

lib 函式庫中的函式包括一個可以透過以下方式存取的 copy 函式：

```
from Lib import copy
```

所有的複製功能都是靜態的：不涉及任何類別。我們感興趣的兩種方法是：

```
newarray = copy.copy(array)
```

和

```
newarray = copy.deepcopy(array)
```

第一個函式對物件陣列進行淺複製（*shallow copy*）。第二個進行深度複製，確保所有物件都被複製，並且任何引用都與原始物件陣列分開。

如果您要複製簡單的物件清單或陣列，第一個函式可以正常工作。只有當物件包含對其他物件的引用時，才需要調用深度複製的複雜性和較慢的執行時間。

使用原型

現在我們來編寫一個簡單的程式，從資料庫中讀取資料，再複製產生的物件。在範例程式 Proto 中，這些資料只是從檔案中讀取的，但原始資料來自大型資料庫（正如我們剛剛討論的）。

接著我們建立一個名為 `Swimmer` 的類別，它包含一個名稱、俱樂部名稱、性別和時間，就像我們之前所做的那樣。我們還建立了一個名為 `Swimmers` 的類別，它維護著我們從資料庫中讀取的 Swimmers 清單。

此外，我們在 SwimData 類別中提供了 `getSwimmer` 方法，在 `Swimmer` 類別中提供了 `getName` 方法，用於存取年齡、性別和時間。將資料讀入 `SwimInfo` 後，我們可以顯示在 listbox 中。

然後當使用者點擊複製按鈕時，我們將複製這個類別，並在新類別中對資料進行不同的排序。同樣，複製資料是因為建立一個新的類別實例會慢得多，並且我們希望以兩種形式保留資料。

在原始類別中，名稱按性別排序，然後按時間排序。在複製類別中，它們僅按時間排序。在圖 10-1 中，您可以看到簡單的使用者介面，使您可以在左側顯示原始資料，在右側顯示複製類別中的排序資料。

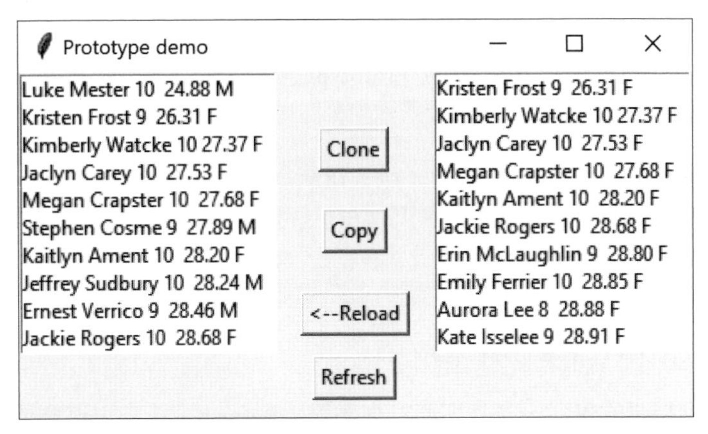

圖 10-1　左邊是原始資料，右邊是排序後的資料

左側的 listbox 在程式啟動時加載，右側的 listbox 在您點擊「Copy」按鈕時加載。現在點擊「Refresh」按鈕，從原始資料陣列中刷新最左邊的 listbox（見圖 10-2）。

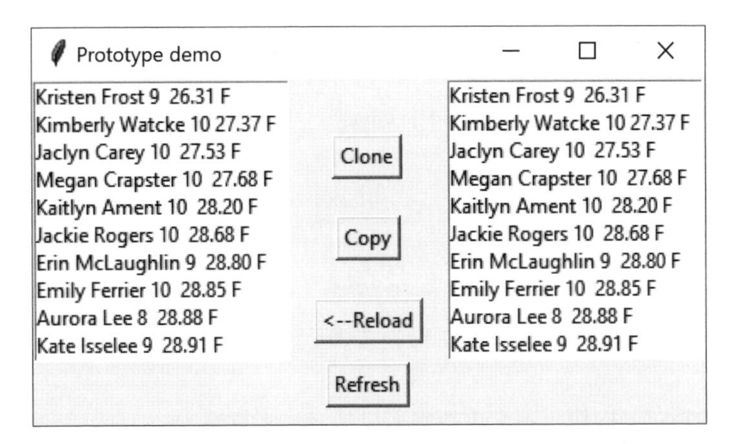

圖 10-2　左邊的原始資料也被排序了，因為使用了淺複製（shallow copy）

為什麼最左邊 listbox 中的名稱也重新排序？這是因為我們使用了真正的淺複製（shallow copy），只是將原始陣列複製到一個新陣列中。

```
def shallowCopy(self):
    swmrs = self.swmrs  # 複製指標
    sw = self.sbySex(swmrs)
    self.fillList(self.rightlist, sw)
```

換句話說，對資料物件的引用是副本，但它們引用的是相同的底層資料。因此，對複製資料執行的任何操作也會發生在 Prototype 類別中的原始資料上。這不是我們想要的。

事實上，您應該點擊「Clone」按鈕，該按鈕調用我們上面描述的 copy.copy 函式，這樣你就有一個單獨的游泳者清單，可以在不影響原始清單的情況下進行排序。

```
def clone(self):
    swmrs = copy.copy(self.swmrs)
    sw = self.sbySex(swmrs)
    self.fillList(self.rightlist, sw)
```

這將為您提供想要的畫面，並且即使在您點擊「Refresh」後它也不會改變（參見圖 10-3）。

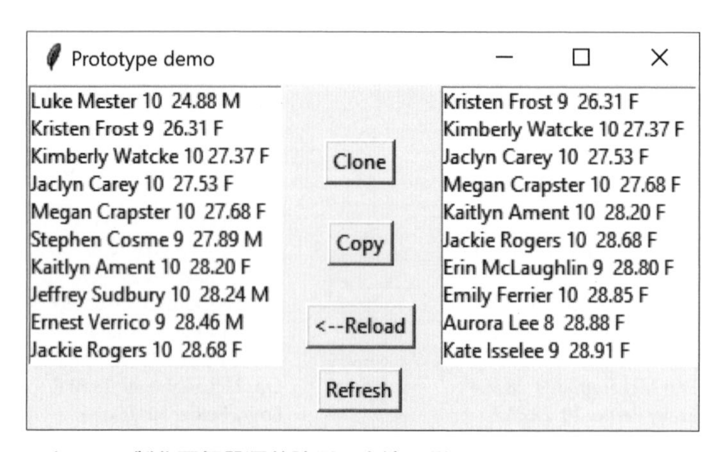

圖 10-3 Clone 和 Copy 製作兩個單獨的陣列，左邊不變

我們加入「Reload」按鈕，用來重新讀取原始游泳者檔案。

原型模式的影響

使用原型模式，您可以在執行環境根據需要透過複製類別來添加和刪除類別。您可以根據程式條件在執行環境修改類別的內部資料表示。您還可以在執行環境指定新物件，而無須建立大量的類別和繼承結構。

與第 8 章「單例模式」中討論的單例註冊表一樣，您還可以建立可以複製的 Prototype 類別的註冊表，並向註冊表物件詢問可能的原型清單。可以複製一個現有的類別，不需從頭開始編寫一個。

請注意，您可能用作原型的每個類別本身都必須實例化（可能需要一些費用）才能使用原型註冊表。這可能是一個性能缺陷。

最後，複製原型類別的想法意味著您有足夠的權限存取這些類別中的資料或方法，並可以在複製後更改它們。這可能需要向這些原型類別添加資料存取方法，以便您可以在複製類別後修改資料。

GitHub 範例程式碼

在所有這些範例中，請務必將資料檔 (swimmers.txt) 包含在與 Python 檔案相同的資料夾中，並確保它們是 Vscode 或 PyCharm 中項目的一部分。

- Proto.py：在本章中建立 Swimmers 原型 demo
- Swimmers.txt：Proto 資料檔

第 11 章

建立型模式總結

- **工廠模式**：用於根據您提供給工廠的資料，從許多類似的類別中選擇，並傳回一個類別的實例。
- **抽象工廠模式**：用於傳回幾組類別中的一組。在某些情況下，它實際上為該組類別傳回了一個工廠。
- **建造者模式**：根據所呈現的資料，將許多物件組合成一個新物件。通常，使用工廠來選擇組裝物件的方式。
- **原型模式**：複製現有類別而不是建立新實例，因為建立新實例的成本更高。
- **單例模式**：是一種確保物件只有一個實例，並且可以獲得對該實例的全域存取的模式。

Part III

結構型模式

結構模式描述如何組合類別和物件以形成更大的結構。**類別**模式和**物件**模式的區別在於，類別模式描述了如何使用繼承來提供更有用的程式介面，而物件模式描述如何使用物件組合，將物件組合成更大的結構，或者把物件放進其他物件中。

例如，我們將在本節中看到適配器模式可以讓一個類別介面匹配另一個類別介面，讓程式設計更容易。我們還會研究其他的結構模式，在這些模式中，我們會將物件組合起來以提供新功能。例如，組合模式就是物件的組合，每個物件要麼是簡單物件，要麼本身就是組合物件。代理模式通常是一個簡單的物件，它代替了可以在以後調用的更複雜物件，例如當程式在網路環境中執行的時候。

享元模式（Flyweight）是一種共享物件的模式，其中每個實例不包含自己的狀態，而是把它儲存在外部。這讓我們能夠有效共享物件以節省空間，特別是當有許多實例但只有幾種不同類型時。

門面模式（Façade）用於讓單一類別代表整個子系統，而橋接模式（Bridge）把物件的介面和實作分開，讓您可以分別修改它們。最後，我們會談到裝飾者模式，它可用於動態地向物件添加職責。

您會看到這些模式之間有一些重疊，甚至與第四部分「行為模式」中的行為模式也有一些重疊。我們將在講到這些模式後總結相似之處。

第 12 章

適配器模式

適配器模式用於將一個類別的程式介面轉換為另一個類別的程式介面。每當我們希望不相關的類別在同一個程式中一起運作時，都會使用適配器。所以適配器的概念非常簡單。我們編寫一個具有所需介面的類別，然後讓它和具有不同介面的類別進行通信。

有兩種方法可以做到這一點：透過繼承和物件組合。透過繼承，我們從不符合需求的類別中衍生一個新類別，並添加我們需要的方法，以使新衍生類別匹配所需的介面。另一種方法是把原始類別包在新類別中，並建立方法來轉譯新類別中的調用。這兩種方法稱為類別適配器（class adapters）和物件適配器（object adapters），在 Python 中都相當容易實作。

在清單之間移動資料

我們來考慮一個簡單的 Python 程式，它能夠將學生姓名輸入到清單中，然後選擇其中一些姓名轉移到另一個清單中。初始名單由班級名冊組成。第二個清單包含將要進行進階工作的學生，如圖 12-1 所示。

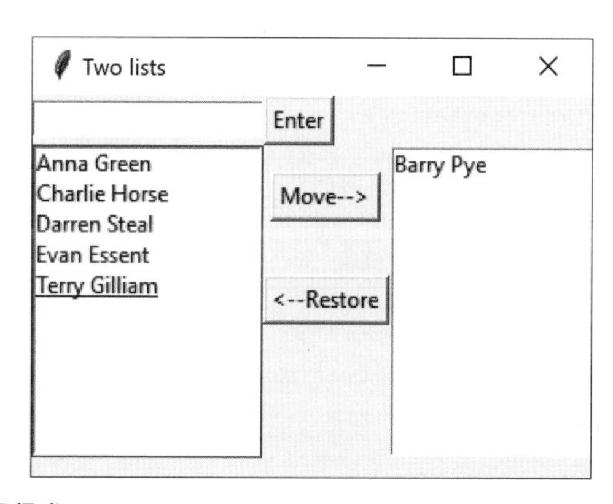

圖 12-1　學生姓名應用程式

在這個簡單的程式中，我們在上方的輸入欄位中輸入名稱，再點選「Enter」將名稱移動到左側的 listbox 中。如果要將名稱移動到右側的 listbox 中，請點擊該名稱，接著點擊「Move」。要從右側 listbox 中刪除名稱，請點擊該名稱，然後點擊「Restore」；這會將名稱移回左側的清單。

這是一個用 Python 編寫的簡單程式。它由一個 GUI 建構子和三個 DButtons 組成，每個 DButtons 都有自己的 comd 方法。因為對兩個 listbox 執行相同的操作，所以建立了一個衍生 listbox 類別，其中包含了這些操作：

```
# 衍生的 Listbox 有三個便利的方法
class DListbox(Listbox):
    def __init__(self, root):
        super().__init__(root)
     # 取得現在選擇的文字
    def getSelected(self):
        selection = self.curselection()
        selindex = selection[0]
        return self.get(selindex)
    # 刪除選擇的列
    def deleteSelection(self):
        selection = self.curselection()
        selindex = selection[0]
        self.delete(selindex)
    # 在清單最下方插入列
    def insertAtEnd(self, text):
        self.insert(END, text)
```

EntryButton 將輸入欄位複製到左側清單的最下方，然後清除輸入欄位：

```
class EntryButton(DButton):
    def __init__(self, root, buildui, **kwargs):
        super().__init__(root, text="Enter")
        self.buildui = buildui
    # 複製輸入欄位到左側清單
    def comd(self):
        entry = self.buildui.getEntry()
        text = entry.get()
        leftList = self.buildui.getLeftList()
        leftList.insertAtEnd(text)
        entry.delete(0, END) # 清空輸入欄位
```

MoveButton 將選擇的清單項目複製到右側清單中，並從左側將其刪除：

```
class MoveButton(DButton):
    def __init__(self, root, buildui, **kwargs):
```

```
        super().__init__(root, text="Move-->")
        self.buildui = buildui

# 複製選擇的那一項，到右側的清單裡
    def comd(self):
        self.leftlist =self.buildui.getLeftList()
        self.seltext = self.leftlist.getSelected()
        self.rightlist = self.buildui.getRightList()
        self.rightlist.insertAtEnd(self.seltext)

# 從左邊清單中刪除
        self.leftlist.deleteSelection()
```

這個程式叫做 addStudents.py，我們把它放在 Github 上面。

製作適配器

假設我們想要在右側顯示不同的畫面。也許我們想要一個包含更多資料的學生表格，例如他們的 IQ 或成績。這可能適合用表格來呈現。幸運的是，Treeview 小工具可以滿足我們的需求（見圖 12-2）。

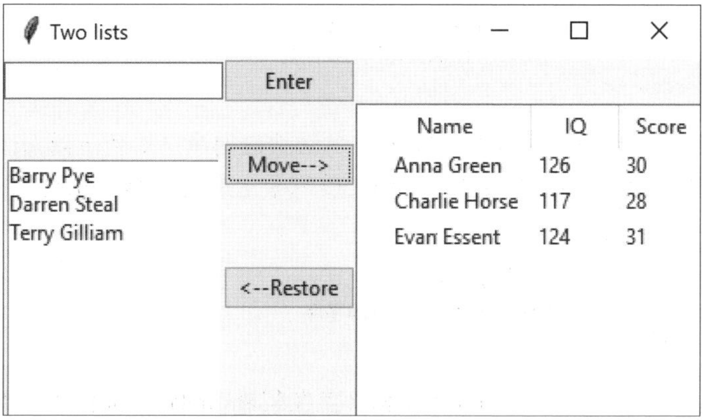

圖 12-2 Treeview 的學生姓名

我們仍然需要在 UI builder 類別中建立 Treeview 行，但假設我們不想更改 listbox 介面。更具體地說，我們希望能夠使用與本章開頭舉例的 `DListbox` 類別相同的方法。

因此，我們想要建立一個具有相同方法、但介面是 Treeview 小工具的 Adapter 類別。

```
class ListboxAdapter(DListbox):
    def __init__(self, root, tree):
        super().__init__(root)
        self.tree = tree
        self.index=1

    # 從 tree 取得選擇的文字
    def getSelected(self):
        treerow = self.tree.focus() # 取得列
        row = self.tree.item(treerow) # 回傳字典
        return row.get('text')

    # 刪除 tree 中已選行
    def deleteSelection(self):
        treerow = self.tree.focus()
        self.tree.delete(treerow)


 # 在 treelist 最後面插入一行
    def insertAtEnd(self, name):
        # 產生隨機的 IQ 和成績
        self.tree.insert("", self.index, text=name,
                        values=(Randint.getIQ(self),
                          Randint.getScore(self)) )
        self.index += 1
```

getSelected 方法使用名稱模糊的 focus() 方法來取得選定的列，該方法傳回所選列的鍵。然後我們使用 item() 方法，它傳回該列中元素的字典（dictionary）。那麼那個字典的 text 元素就是學生的名字：

```
treerow = self.tree.focus() # 取得列
        row = self.tree.item(treerow) # 回傳字典
        return row.get('text')
```

我們可以巧妙地解決將學生的 IQ 和成績保存在某處的問題，並使用隨機數產生器來生成它們，該產生器可用於計算預定義範圍內的整數：

```
# 隨機數產生器
class Randint():
    def __init__(self):
        seed(None, 2)    # 設定 random seed

    # 計算一個隨機 IQ 在 115 和 145 之間
```

```
    @staticmethod
    def getIQ(self):
        return randint(115,145)

   # 計算一個隨機成績在 25 和 35 之間
    @staticmethod
    def getScore(self):
        return randint(25,35)
```

類別適配器

前面的範例是一個**物件**適配器，它對適配器內的 Treelist 實例進行操作。相比之下，類別適配器從具有您需要方法的 Treelist 衍生一個新類別。這實作起來非常簡單，兩者的程式碼差別很小。

- 類別適配器
  - 當您想調整一個類別及其所有子類別時不起作用，因為您在建立它時定義了它衍生的類別。
  - 讓適配器改變一些被適配類別的方法，但仍然允許其他的保持不變。
- 物件適配器
  - 可以透過簡單地將子類別作為建構子的一部分傳入來調整子類別。
  - 要求您明確提出想要使用的任何適配物件的方法。

雙向適配器（Two-Way Adapters）

雙向適配器是一個巧妙的概念，它使不同類別可以將物件視為 Listbox 類型或 Treelist 類型。使用類別適配器最容易做到這一點，因為基礎類別的所有方法都可用於衍生類別。但是，這僅在您不使用行為不同的方法覆寫任何基礎類別的方法時才有效。碰巧這裡的 `ListboxAdapter` 類別是一個理想的雙向適配器，因為這兩個類別沒有共同的方法。

可插拔適配器（Pluggable Adapters）

可插拔適配器是一種動態適應多個類別之一的適配器。當然，適配器只能適應它可以識別的類別。通常適配器會根據不同的建構子或 setParameter 方法，來決定要適配哪個類別。

GitHub 範例程式碼

- addStudents.py：將學生添加到左側清單，並且可以將一些學生移動到右側清單中。
- addStudentsAdapter.py：將學生添加到左側清單，並且可以使用適配器將一些學生移動到右側的 Treeview 中。

第 13 章

橋接模式

乍看之下，橋接模式看起來很像適配器模式，因為類別用於將一種介面轉換為另一種介面。然而，適配器模式的目的是使一個或多個類別的介面看起來與特定類別的介面相同。橋接模式旨在將類別的介面與其實作分離，以便您可以在不更改客戶端程式碼的情況下更改或替換實作。

假設我們有一個在視窗中展示產品清單的程式。該畫面最簡單的介面是一個簡單的 listbox。但是在售出大量產品後，我們可能希望在表格中顯示這些產品及其銷售資料。

我們剛剛討論了適配器模式，所以您可能會立即想到基於類別的適配器，我們調整 listbox 的介面，以符合此畫面中的簡單需求。在簡單的程式中，這很好用，但就像我們將在下面看到的那樣，這種方法是有局限性的。

讓我們進一步假設我們需要從產品資料中產生兩種畫面：一種是客戶視圖，它只有我們已經提到的產品清單；另一種是執行視圖，它還顯示了發貨的單位數量。我們會在普通的 Listbox 中顯示產品清單，並在 Treeview 中顯示執行視圖（見圖 13-1）。這兩個部分是顯示類別的實作。

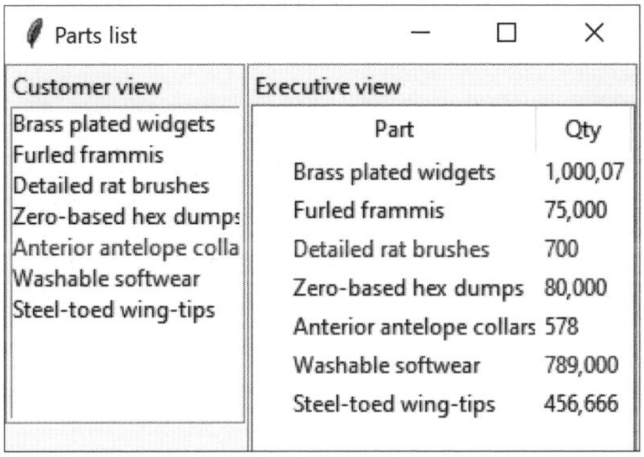

圖 13-1　帶有 Treeview 的配件清單

現在，我們想要定義一個保持不變的簡單介面，而不管實際實作類別的類型和複雜性如何。我們將從定義一個抽象的 Bridger 類別開始：

```
class Bridger(Frame):
    def addData(self):pass
```

這個類別非常簡單，它只接收一個資料清單，並將其傳遞給顯示類別。橋的另一邊是實作類別，它們通常有一個更複雜和更低級別的介面。在這裡，我們將讓它們一次將資料行添加到畫面上。

```
class VisList():
    def addLines(self): pass
    def removeLine(self): pass
```

這些類別的定義中隱含了一些機制，用於確定每個字串的哪一部分是產品名稱，哪一部分是發貨數量。在這個簡單的範例中，我們用兩個破折號將數量與名稱分開，並在 Product 類別中將它們分開。

左邊的介面和右邊的實作之間的橋梁是 ListBridge 類別，它實例化清單顯示類別。請注意，它擴充了 Bridger 類別，以供應用程式使用。

```
# 資料和任何 VisList 類別之間通用的橋
class ListBridge(Bridger):
    def __init__(self, frame, vislist):
        self.list = vislist
        self.list.pack()

    # 加入 Products 清單到任何的 VisList 中
    def addData(self, products):
         self.list.addLines( products)
```

在當前範例中，我們使用了 Bridge 類別兩次：一次在左側顯示 Listbox，一次在右側顯示 Treeview 表。

當您了解可以透過替換用來顯示資料的一個或兩個 VisList 類別，來完全改變顯示畫面時，橋接模式的強大和簡單性就變得顯而易見了。您不必更改 Bridge 類別程式碼：只需提供新的 VisLists 即可顯示。這些類別可以是任何東西，只要它們實現了簡單的 VisList 方法。實際上，我們在這裡將 removeLine 方法留空，因為它與本範例並不真正相關。

Listbox 的 VisList 非常簡單：

```
# Listbox 視覺清單
class LbVisList(Listbox, VisList):
    def __init__(self, frame ):
        super().__init__(frame)

    def addLines(self, prodlist):
        for prod in prodlist:
            self.insert(END, prod.name)
```

右邊的 Treeview 表同樣簡單，除了設置欄位名稱和維度：

```
# Treelist （表）視覺清單
class TbVisList(Treeview, VisList)    :
    def __init__(self, frame ):
        super().__init__(frame)
        # 設定表格行
        self["columns"] = ("quantity")
        self.column("#0", width=150, minwidth=100, stretch=NO)
        self.column("quantity", width=50, minwidth=50, stretch=NO)
        self.heading('#0', text='Part')
        self.heading('quantity', text='Qty'
        self.index = 0       # 列計數器

        # 加入整個 product 的清單到表中
    def addLines(self, prodlist):
        for prod in prodlist:
             self.insert("", self.index, text=prod.name,
                              values=(prod.count))
             self.index += 1
```

建立使用者介面

儘管所有常見的 grid 和 pack 版面配置程式碼仍然適用，但在兩個成員的 grid 內建立兩個框架確實很容易。程式設計包含建立框架和 VisList、建立橋接和添加資料：

```
self.vislist = LbVisList(self.lframe)
self.lbridge = ListBridge(self.lframe, self.vislist)
self.lbridge.addData(prod.getProducts())
```

同樣地，您可以建立 VisList 的 Treeview 版本，將它加入到橋的另一個實例，然後添加資料：

```
self.rvislist = TbVisList(self.rframe)
self.rlb = ListBridge( self.rframe, self.rvislist)
self.rlb.addData(prod.getProducts())
```

擴展橋接（Extending the Bridge）

當我們需要對這些清單顯示資料的方式進行一些更改時，橋的能力就變得顯而易見了。例如，您可能希望按字母順序顯示產品。您可能認為需要修改或子類化清單和表格類別。這麼做很快就會成為維護的噩夢，尤其是在最終需要兩個以上這樣的顯示畫面的情況下。相反地，我們只需在擴充介面類別中進行更改，從父類別 `listBridge` 建立一個新的 `sortBridge` 類別。無論如何，您只需要建立一個新的 `VisList` 來對資料進行排序並安裝它，而不是原來的 `LbVislist` 類別。

```
# 已排序的 listbox visual list
class SortVisList(Listbox, VisList):
    def __init__(self, frame ):
        super().__init__(frame)

    # 按字母順序來排序
    def addLines(self, prodlist):
        # 按字母順序排列陣列
        self.prods = self.sortUpwards( prodlist)
        for prod in self.prods:
            self.insert(END, prod.name)
```

排序常式與 Swimfactory 範例中使用的常式相同，因此我們在此不再贅述。圖 13-2 為產生的已排序畫面。

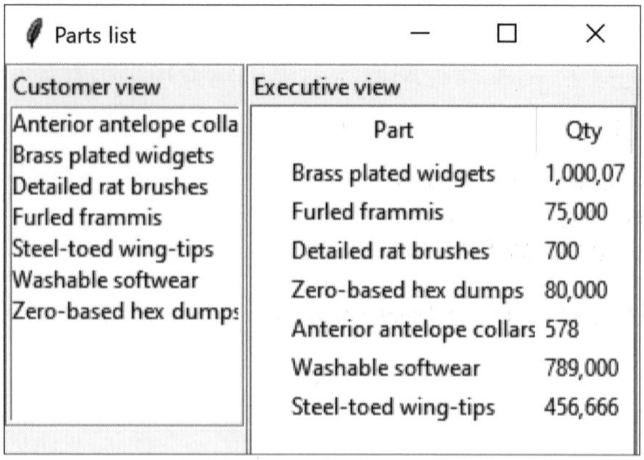

圖 13-2 排序過的 VisList

這清楚地表明您可以在不更改實作的情況下更改介面。反之亦然。例如，您可以建立另一種類型的清單顯示，並替換當前清單顯示方式之一，而無須更改其他任何程式，只要新清單也實作 visList 介面。

在下一個範例中，我們建立了一個 Treeview 元件，它實作了 visList 介面，並替換了普通清單，而對圖 13-3 中類別的公用介面沒有任何更改。

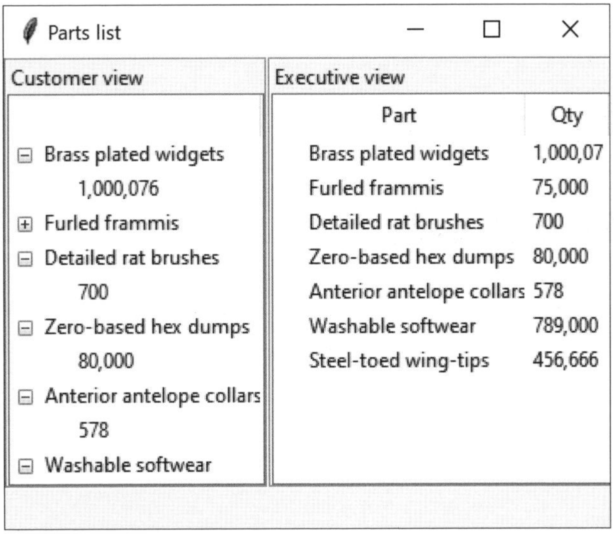

圖 13-3 Treeview 作為左側的 VisList

請注意，這個簡單的新 VisList 是程式碼中唯一的更改：

```
# 給左邊顯示畫面的樹狀 VisList
class TbexpVisList(Treeview, VisList)     :
    def __init__(self, frame ):
        super().__init__(frame)
        self.column("#0", width=150, minwidth=100,
                      stretch=NO)
        self.index = 0

    def addLines(self, prodlist):
        for prod in prodlist:
            fline = self.insert("", self.index,
                          text=prod.name)
            # 加入計數作為葉節點
            self.insert(fline, 'end',
                         text=prod.count )
            self.index += 1
```

橋接模式的影響

橋接模式的影響包括：

1. 橋接模式旨在保持客戶端程式的介面不變，同時使您能夠更改顯示畫面或使用的實際類別類型。這可以防止您重新編譯一組複雜的使用者介面模組，並且只需要重新編譯橋接本身和實際的最終顯示類別。
2. 你可以分別擴展實作類別和橋接類別，通常相互之間沒有太多的互動。
3. 您可以更輕鬆地在客戶端程式中隱藏實作細節。

GitHub 範例程式碼

在這些範例中，請確保將資料檔 (products.txt) 放在與 Python 檔案相同的資料夾中，並確保它們是 Vscode 或 PyCharm 中專案的一部分。

- BasicBridge.py
- SortBridge.py
- TreeBridge.py
- Products.txt：Bridge 程式的資料檔

第 14 章

組合模式

程式設計師經常開發的系統中，一個元件可能是一個單獨的物件，或者它可能代表一個物件的集合。組合模式旨在適應這兩種情況。您可以使用組合模式來建構部分 - 整體層次結構或建構樹的資料表示法。總之組合是物件的集合，其中任何一個都可以是組合物件或只是原始物件。在樹命名法中，一些物件可能是帶有附加分支的節點，而一些可能是葉節點。

出現的問題是具有存取組合中所有物件的單一簡單介面與具有區分節點和葉節點的能力之間的二分法。節點有子節點並且可以添加子節點。另一方面，葉節點目前沒有子節點，並且在某些實作中，可能會阻止向它們添加子節點。

在考慮 employee 樹時，一些作者建議為節點和葉節點建立單獨的介面，其中葉節點可以具有以下方法：

```
def getName(self):pass
def getSalary(self):pass
```

一個節點可以有額外的方法：

```
def getSubordinates(self):pass
def add(self, e:Employee):pass
def getChild(self, name:str):
```

這給我們留下了一個程式設計問題，即在我們建構組合時決定哪些元素是哪些元素。不過，《設計模式》建議每個元素都應該具有**相同**的介面，不管是組合元素還是原始元素。這更容易完成，但我們留下了一個問題——即當物件實際上是葉節點時，`getChild()` 操作應該完成什麼。

同樣困難的是從組合元素中添加或刪除葉節點的問題。非葉節點可以添加子葉，但葉節點不能。但是，在這裡您希望組合中的所有組件都具有相同的介面。不允許嘗試將子節點添加到葉節點，如果程式嘗試添加到這樣的節點，我們可能會設計葉節點類別來拋出例外。

組合的實作

想像一家小公司。假設它一開始有一個人，即 CEO，他推動了業務的發展。然後 CEO 聘請了幾個人來處理營銷和製造。很快的，這些人中的每一個人都聘請了額外的助理來幫忙做廣告、運輸等工作，他們成為了公司的前兩位副總裁。隨著公司不斷地蓬勃發展，公司不斷發展壯大，直到擁有圖 14-1 中的組織結構圖。

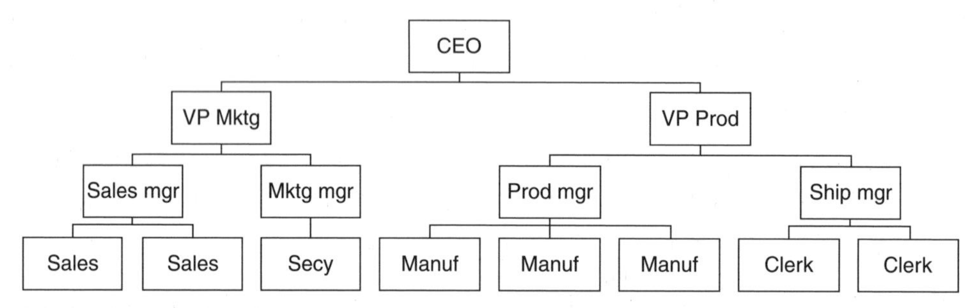

圖 14-1　組合模式的組織結構圖

工資計算

如果公司成功，每個公司成員都會收到薪水，而且我們隨時都可以詢問任何一個員工對公司的成本。此處我們將成本定義為該人及其所有下屬的工資。這是組合的理想範例：

- 單一員工的成本只是他或她的薪水（和福利）。
- 領導一個部門的員工的成本是他或她的工資加上所有下屬的工資。

無論員工是否有下屬，我們都需要一個能夠正確產生工資總額的單一介面。

```
def getSalaries(self):pass
```

在這一點上，我們意識到所有組合在介面中具有相同標準方法名稱的想法可能有點天真。我們希望公用方法與我們實際開發的類別相關。因此，我們不使用像是 getValue() 之類的通用方法，而是使用 getSalaries()。

員工類別

現在想像將公司表示為由節點組成的組合：經理和員工。可以使用單個類別來表示所有員工，但是由於每個級別可能具有不同的屬性，因此定義至少兩個類別可能更好：Employees 和 Bosses。Employees 是葉節點，其下不能有員工。Bosses 節點底下可能有員工節點。

我們具體的 Employee 類別可以儲存每個員工的姓名和薪水，並且可以根據需要取得這些資訊。

```
# Employee 是基礎類別
class Employee():
    def __init__(self, parent, name, salary:int):
        self.parent = parent
        self.name = name
        self.salary = salary
        self.isleaf = True

    def getSalaries(self):  return self.salary
    def getSubordinates(self): return None
```

Employee 類別可以具有 add、getSubordinates 和 getChild 方法的具體實作。但是因為 Employee 是葉節點，所有這些都可能傳回某種錯誤指示。例如，getSubordinates 可以像上面一樣傳回 None，但是因為 Employee 始終是葉節點，所以您可以避免在葉節點上調用這些方法。

Boss 類別

Boss 類別是 Employee 的子類別，它也使我們能夠儲存下屬員工。我們將它們儲存在一個名為 *subordinates* 的清單中，並將它們作為一個 List 傳回，或者只是透過清單進行列舉。因此，如果某個特定的 Boss 暫時沒有員工，則清單將是空的。

```
class Boss(Employee):
    def __init__(self, name, salary:int):
        super().__init__(name, salary)
        self.subordinates = []
        self.isleaf = False

     def add(self, e:Employee):
       self.subordinates.append(e)
```

同樣，您可以使用同一個清單傳回任何員工及其下屬的工資總和：

```
# 當沿著樹向下遍歷時調用遞迴
    def getSalaries(self):
        self.sum = self.salary
        for e in self.subordinates:
            self.sum = self.sum + e.getSalaries()
        return self.sum
```

請注意，此方法從當前 Employee 的薪水開始，然後對每個下屬調用 getSalaries() 方法。當然，這是遞迴的；任何有下屬的員工都將包括在內。

建立 Employee Tree

我們先建立一個 CEO 員工，再添加他或她的下屬，最後是他們的下屬，如下所示：

```
# 建立 employee tree
def build(self):
    seed(None, 2)        # 初始化隨機種子
    boss = Boss("CEO", 200000)
# 在 Boss 底下加入 VP
    marketVP = Boss("Marketing_VP", 100000)
    boss.add(marketVP)
    prodVP = Boss("Production_VP", 100000)
    boss.add(prodVP)
    salesMgr = Boss("Sales_Mgr", 50000)
    marketVP.add(salesMgr)
    advMgr = Boss("Advt_Mgr", 50000)
    marketVP.add(advMgr)
    # 增加向銷售經理報告的銷售員
    for i in range(0, 6):
        salesMgr.add(Employee("Sales_" + str(i),
                int(30000.0 + random() * 10000)))

    advMgr.add(Employee("Secy", 20000))
```

```
prodMgr = Boss("Prod_Mgr", 40000)
prodVP.add(prodMgr)
shipMgr = Boss("Ship_Mgr", 35000)
prodVP.add(shipMgr)

# 加入製造和運輸的員工
for i in range(0, 4):
    prodMgr.add(Employee("Manuf_"
    + str(i), int(25000 + random() * 5000))
for i in range(0, 4):
    shipMgr.add(Employee("Ship_Clrk_"
     + str(i), int(20000 + random() * 5000)))
```

印出 employee tree

實際上你不需要建立圖形介面來印出此樹，只需為每個新的子級別縮排兩個空格。這個簡單的遞迴程式碼沿著樹向下遍歷，並根據需要縮排。

```
# 遞迴印出 employee tree,
# 沿著樹向下遍歷
def addNodes(self,  emp:Employee ):
    if not emp.isleaf:      # Boss 不是葉子
        empList = emp.getSubordinates()
        if empList != None: # 一定要是一個 Boss
           for newEmp in empList:
                print(" "*self.indent, newEmp.name,
                                      newEmp.salary)
                self.indent += 2
                self.addNodes(newEmp)
                self.indent-=2
```

產生的員工清單如下：

```
CEO 200000
 Marketing_VP 100000
   Sales_Mgr 50000
     Sales_0 39023
     Sales_1 36485
     Sales_2 35844
     Sales_3 32353
     Sales_4 32080
     Sales_5 33285
   Advt_Mgr 50000
     Secy 20000
```

```
 Production_VP 100000
   Prod_Mgr 40000
     Manuf_0 26536
     Manuf_1 29837
     Manuf_2 28931
     Manuf_3 28509
   Ship_Mgr 35000
     Ship_Clrk_0 20856
     Ship_Clrk_1 20552
     Ship_Clrk_2 20476
     Ship_Clrk_3 21465
```

如果您想獲得員工的工資跨度，您可以使用 Salary 類別輕鬆計算它：

```
# 計算選擇員工的薪水
class SalarySpan():
    def __init__(self, boss, name):
        self.boss = boss
        self.name = name
    # 印出薪水加總
    # 給 employee 和下屬
    def print(self):
        # 搜尋匹配項目
        if self.name == self.boss.name:
            print(self.name, self.boss.name)
            newEmp = self.boss
        else:
            newEmp = self.boss.getChild(self.name)
        sum = newEmp.getSalaries()  # 加總的薪水
        print('Salary span for '+self.name, sum)
```

我們在樹列印出來的末尾，提供了一個簡單的問題：

```
Enter employee name for salary span (q for quit): Ship_Mgr
Salary span for Ship_Mgr 120963
```

請注意，每次執行程式時這些值都會有所不同，因為有些工資是使用隨機數產生器計算的。

建立組合的樹視圖

在建立了這個組合結構之後，我們還可以透過從父節點開始，並遞迴調用 addNode() 方法來加載 Treeview 直到每個節點中的所有葉節點都被存取——就像我們上面在控制台版本中所做的那樣，但是每次加載一個 Treeview 元素。

```
# 遍歷該樹，遞迴建立 Treeview
    def addNodes(self, pnode, emp:Employee ):
        if not emp.isleaf:      # Bosses 不是葉節點
            empList = emp.subordinates
            if empList != None: # 一定要是 Boss
               for newEmp in empList:
                    newnode = Tree.tree.insert(pnode,
                              Tree.index,
                              text = newEmp.name)
                    self.addNodes(newnode, newEmp)
```

圖 14-2 展示了最終的程式畫面。

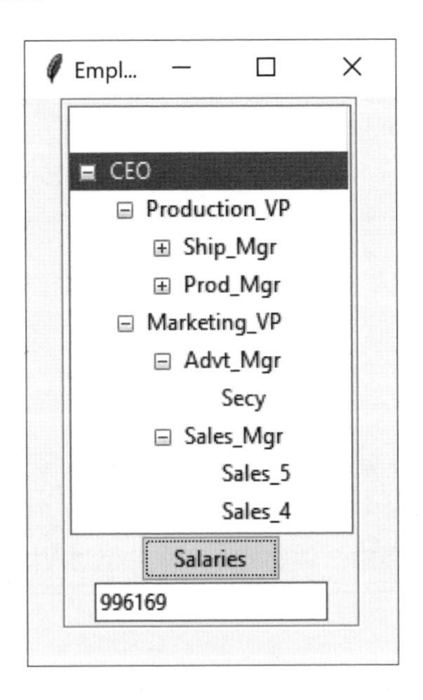

圖 14-2　最終版本的員工樹

SalaryButton 計算 CEO 的所有薪水總和，或者您點擊的任何員工的薪水總和。

這個簡單的計算遞迴調用 getChild() 方法來取得該 Employee 的所有下屬。請注意，我們使用逗號格式字串在工資中插入逗號。

```
# 點擊這裡計算 employee 的薪資
class SalaryButton(DButton):
    def __init__(self,  master, boss, entry,
                 **kwargs):

        super().__init__(master, text="Salaries")
        self.boss = boss
        self.entry = entry

    def comd(self):
        curitem = Tree.tree.focus() # 取得 item
        dict= Tree.tree.item(curitem)
        name= dict["text"]          # 取得名稱

        # 搜尋匹配項目
        if name == self.boss.name:
            print(name, self.boss.name)
            newEmp = self.boss
        else:
            newEmp = self.boss.getChild(name)
        sum = newEmp.getSalaries()

        # 將薪水總和放進空欄位中
        self.entry.delete(0, "end")
        self.entry.insert(0, f'{sum:,}')
```

使用雙向鏈接

在之前的實作中，我們在每個 Boss 類別的 List 中保留了對每個下屬的參考。這意味著您可以從總裁向下移動到任何員工，但沒有辦法向上移動找出員工的主管是誰。藉由為每個 Employ 子類別提供一個建構子，其中包含對父節點的參考，就可以解決這個問題：

```
class Employee():
    def __init__(self, parent, name, salary:int):
        self.parent = parent
        self.name = name
        self.salary = salary
        self.isleaf = True
```

然後，您可以快速向上移動，以產生報告鏈：

```
emp = Tree.findMatch(self, self.boss)
quit = False
mesg = ""
while not quit:
    mesg += (emp.name +"\n")
    emp = emp.parent
    quit = emp.name == "CEO"
mesg += (emp.name +"\n")
messagebox.showinfo("Report chain", mesg)
```

如圖 14-3 所示。

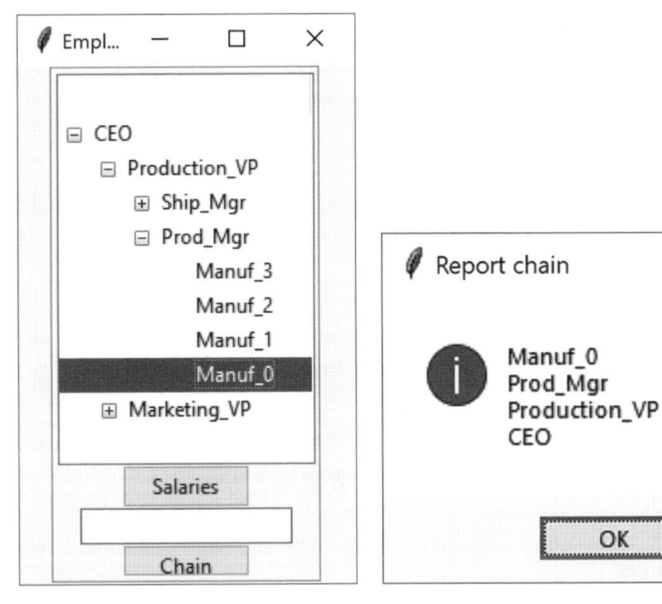

圖 14-3　命令鏈顯示畫面

組合模式的影響

組合模式允許您定義簡單物件和更複雜複合物件的類別層次結構，以便它們在客戶端程式中看起來是相同的。由於這種簡單性，客戶端可以簡單得多，因為節點和葉節點的處理方式相同。

組合模式還使您可以輕鬆地將新類型的元件添加到您的集合中，只要它們支援類似的開發介面。另一方面，這樣做的缺點是使您的系統過於籠統。您可能會發現更難限制某些類別，通常這是值得的。

一個簡單的組合

組合模式的目的是允許您建立各種相關類別的樹，即使有些具有與其他不同的屬性，有些是沒有子節點的葉節點。但是，對於非常簡單的情況，您有時可以只使用一個同時展示父節點和葉節點行為的類別。在 SimpleComposite 範例中，我們建立了一個始終包含 List 員工的 Employee 類別。此員工清單將為空或填滿，這決定了您從 getChild 和 remove 方法傳回的值的性質。在這個簡單的情況下，您不會拋出例外，並且始終允許葉節點被提升為具有子節點。換句話說，您始終允許執行 add 方法。

雖然您可能不認為這種自動提升是一個缺點，但在有大量葉節點的系統中，在每個葉節點中保持一個清單已初始化和未使用是很浪費的。在葉節點相對較少的情況下，這不是一個嚴重的問題。

其他實作問題

其他實作問題包括遞迴調用、排序組件和快取結果。

處理遞迴調用

Boss 和 Employee 類別都遞迴地搜尋員工從屬清單，這意味著 Boss 類別中的 getSalaries 方法調用自身來遍歷員工樹。這意味著每個新的調用都是 Boss 類別的一個新實例，因此會有新的實例變數。因此，對 Treeview 的引用不能保存在 Boss 類別中。

我們透過建立一個靜態 Tree 類別來解決這個問題，該類別包含對可以稱為 Tree.tree 的 Treeview 的引用。這是在建立 UI 時初始化的。我們還使用 Treeview 顯示中的選定項目向下搜尋 Employee 樹，然後將該搜尋也放入樹類別：

```
class Tree():
    tree = None  # 靜態變數
    index=0
    column=0

    # 搜尋與所選樹狀視圖項目相匹配的節點。
    def findMatch(self,boss):
        curitem = Tree.tree.focus()  # 取得已選項目
        dict = Tree.tree.item(curitem)
        name = dict["text"]  # 取得名稱

        # 搜尋匹配
        if name == boss.name:
            print(name, boss.name)
            newEmp = boss
        else:
            newEmp = self.boss.getChild(name)
        return newEmp
```

訂購元件

在某些程式中，元件的順序可能很重要。如果該順序與將它們添加到父節點的順序有所不同，則父節點必須做額外的工作，才能以正確的順序傳回它們。例如，您可以按字母順序對原始 List 進行排序，並將疊代器傳回到新的排序清單。

快取結果

如果您經常請求必須由一系列子元件計算的資料，就像我們在這裡對薪水所做的那樣，將這些計算結果暫存在父組件中可能是有利的。但是，除非計算相對密集，並且非常確定基礎資料沒有更改，否則這可能不值得付出努力。

GitHub 範例程式碼

- EmployeesConsole.py
- Employees.py
- DoublyLinked.py

第 15 章

裝飾者模式（Decorator Pattern）

裝飾者模式為我們提供了一種修改個別物件行為的方法，而無須建立新的衍生類別。假設我們有一個使用八個物件的程式，但其中三個需要一個附加功能。您可以為這些物件中的每一個建立衍生類別，並且在許多情況下，這將是一個完全可以接受的解決方案。但是，如果這三個物件中的每一個都需要不同的特性，這將意味著建立三個衍生類別。此外，如果其中一個類別具有其他兩個類別的特性，您會開始建立既令人困惑又不必要的複雜性。

裝飾者可用於按鈕等視覺物件，但 Python 有一套豐富的非視覺裝飾者，我們也將介紹這些裝飾者。

現在假設我們想在工具欄中的一些按鈕周圍繪製一個特殊的邊框。如果我們建立了一個新的衍生按鈕類別，這意味著這個新類別中的所有按鈕，將始終具有相同的新邊框，而這可能不是我們要的。

相反地，我們建立了一個**裝飾**按鈕的 Decorator 類別，然後從主 Decorator 類別衍生任意數量的特定裝飾者，每個裝飾者執行一種特定類型的裝飾。要裝飾按鈕，裝飾者必須是從視覺環境衍生的物件，以便它可以接收繪製方法調用，並將對其他有用圖形方法的調用轉發給它正在裝飾的物件。這是物件包含優於物件繼承的另一種情況。裝飾者是一個圖形物件，但它包含它正在裝飾的物件。它可能會攔截一些圖形方法調用，執行一些額外的計算，並將它們傳遞給它正在裝飾的底層物件。

裝飾按鈕

在 Windows 10 以上的 Windows 版本下運行的應用程式，具有一排扁平的無邊框按鈕，當您將滑鼠移到它們上方時，這些按鈕會以輪廓邊框突出顯示它們自己。一些 Windows 程式設計師將此工具欄稱為 CoolBar，並將按鈕稱為 CoolButtons。

我們來考慮如何建立這個裝飾者。《設計模式》建議裝飾者應該從一些通用視覺化元件類別衍生，然後實際按鈕的每條訊息都應該從裝飾者轉發。

Python 並沒有讓這個容易實作，所以這裡使用的裝飾者是從 Button 衍生的。它所做的只是攔截滑鼠移動。《設計模式》建議像裝飾者這樣的類別應該是抽象類別，並且您應該從抽象類別衍生所有實際工作（或具體）的裝飾者。同樣，這在 Python 中並不容易，因為所有繼承小元件行為的基礎類別都是具體的。

我們的裝飾者只是在滑鼠進入按鈕時更改按鈕樣式，並在退出時將按鈕樣式恢復為平面。

```
# 衍生按鈕攔截滑鼠輸入
# 並將按鈕從扁平改為凸起
class Decorator(Button):
    def __init__(self, master, **kwargs):
        super().__init__(master, **kwargs)

        self.configure(relief=FLAT)
        self.bind("<Enter>", self.on_enter)
        self.bind("<Leave>", self.on_leave)

    def on_enter(self, evt):
        self.configure(relief=RAISED)

    def on_leave(self, evt):
       self.configure(relief=FLAT)
```

使用裝飾者

現在我們已經編寫了一個 Decorator 類別，要如何使用它呢？我們只是簡單地建立一個裝飾者的實例，作為一個用來裝飾的按鈕。我們可以在建構子中完成所有這些工作。我們來考慮一個包含兩個 CoolButton 和一個普通 Button 的簡單程式。我們建立版面配置如下：

```
# 建立使用者介面
class Builder():
    def build(self):
        root = Tk()
        root.geometry("200x100")
        root.title("Tk buttons")
        # 建立兩個裝飾的按鈕和一個普通的按鈕
        cbut = CButton(root)
        dbut = DButton(root)
        qbut = Button(root, text="Quit",
            command=quit)
        cbut.pack( pady=3)
        dbut.pack( pady=3)
        qbut.pack()
```

圖 15-1 展示了這個程式的操作畫面，滑鼠懸停在其中一個按鈕上。

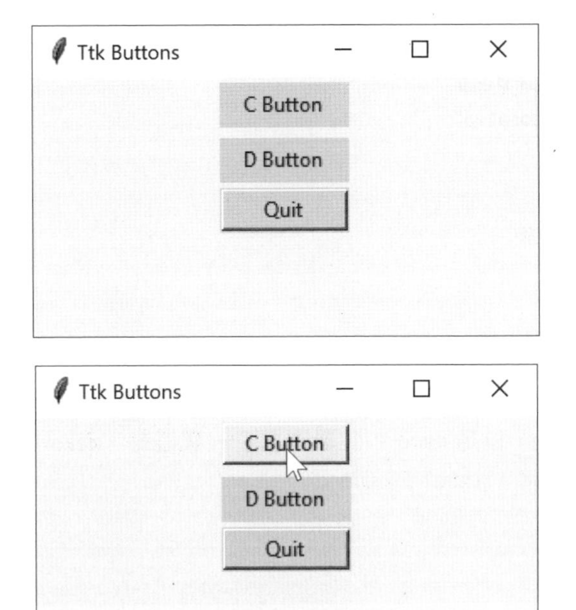

圖 15-1　滑鼠懸停在 C 按鈕上

讓兩個按鈕具有不同的裝飾者是完全可行的。還有一種類似的方法是使用 tkinter ttk 工具包；我們的 GitHub 儲存庫中提供了一個範例。

使用非視覺化裝飾者

裝飾者不限於增強視覺類別的物件，您可以以類似的方式添加或修改任何物件的方法。事實上，非可視物件更容易裝飾，因為攔截和轉發的方法可能更少。

我們已經在前面的章節中看到了 @property 裝飾者和 @staticmethod 裝飾者。起初，這些似乎是編譯器指令或某種巨集，但裝飾者實際上是您調用的函式的名稱。例如 Python 中有一個 staticmethod() 函式，您可以將它包裝在一個方法上。這個簡單的屬性標記更容易閱讀並且不易出錯。

來看一個 Python 3.9 文件中提供的非常簡單的範例，請考慮以下簡單的包裝器（wrapper）和它包裝的空函式：

```
def deco(func):
    # 加入一個值到新的函式屬性中
    func.label = "decorated"
    return func

# 完整的空函式
# 由「deco」裝飾器進行裝飾
@deco
def f():
    pass

print(f.label)
```

函式 f() 什麼都不做，但是 deco 包裝器添加了一個值為「decorated」的屬性。執行程式時，print 函式將 f.label 列印為：

```
Decorated
```

裝飾程式碼

現在，我們來考慮另一個可以包裝的函式。它列印出幾條訊息，但沒有做太多。

```
# 裝飾器包裝了一個函式
def mathFunc(func):
    def wrapper(x):
        print("b4 func")
        func(x)
        print("after func")
    return wrapper
```

我們還將建立一個簡單的兩行函式來包裝。

```
# 印出一個名字或是片語
def sayMath(x):
    print("math")
```

現在假設我們要建立一個新版本的 mathfunc 來包裝 sayMath。我們可以直接這樣做，像這樣：

```
# 建立已包裝的函式
sayMath = mathFunc(sayMath)
```

現在，sayMath 函式被 mathFunc 包裝的函式所取代。如果我們調用：

```
sayMath(12)
```

該程式將列印：

```
call after making decorator
b4 func
math
after func
```

換句話說，數學這個詞被來自 mathFunc 的包裝器訊息包裝。

現在我們來使用裝飾者重寫這個包裝器程式碼：

```
# 裝飾器包裝 sayMath
@mathFunc
def sayMath(x):
    print("math")
```

因此，您可以看到 @mathFunc 裝飾者只是簡單地包裝了 sayMath 函式，就好像我們這樣寫：

```
sayMath = mathFunc(sayMath)
print("call after making decorator")
```

這就是 Python 裝飾者的全部內容。這些單行語句取代了更複雜的包裝（或裝飾）程式碼的方式。它們難以解釋的唯一原因是很少有簡單的例子讓它們看起來很有用。

您可以將建立的所有裝飾者放在一個檔案中，並將它們作為程式碼的一部分導入。但坦白說，您可能不會想這樣做太多次。

dataclass 裝飾者

我們遇到的最有用的裝飾者之一是 dataclass 裝飾者。

每當您建立一個新類別時，您都必須透過設置 __init__ 方法，並將一些值複製到實例變數中的樣板檔案。例如，在這個簡單的 Employee 類別中，通常會這樣寫：

```
class Employee:
    def __init__(self, frname:str, lname:str,
                       idnum:int):
        self.frname = frname
        self.lname = lname
        self.idnum = idnum
```

您在其中聲明 init 方法的參數，然後將它們複製到該實例的變數中。好吧，如果每次建立類別時都會發生這種情況，為什麼不自動化呢？

這就是資料類別（dataclass）裝飾者為您所做的。如果您使用這個裝飾者，您的程式碼會簡化為：

```
@dataclass
class Employee:
    frname: str
    lname: str
    idnum: int
```

並自動為您填寫 init 方法和複製參數。

您還需要導入包含此函式的函式庫，但每個模組只需導入一次：

```
from dataclasses import dataclass
```

所以，當您建立一個 Employee 的實例時，你可以像往常一樣操作：

```
emp = Employee('Sarah', 'Smythe', 123)
print(emp.nameString())
```

參數的順序與變數清單中的順序相同。事實上，像 PyCharm 這樣的 IDE 可以識別這個裝飾者（這只是一個底層的函式調用），並彈出如圖 15-2 所示的變數清單。

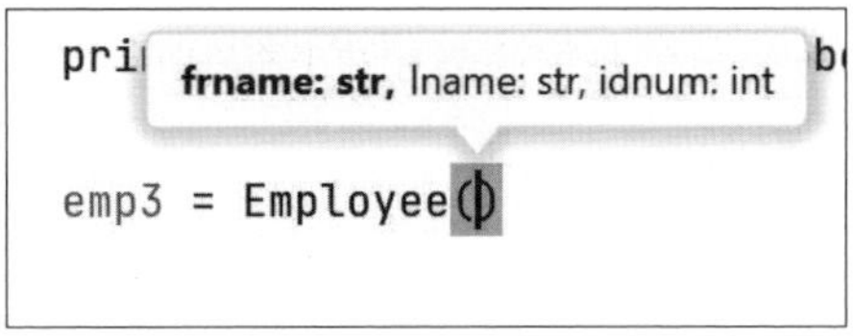

圖 15-2　PyCharm IDE 顯示的關於 Employee 建構子的訊息

使用具有預設值的資料類別（dataclass）

資料類別裝飾者以相同的方式處理預設值：

```
class Employee2:
    frname: str
    lname: str
    idnum: int
    town: str = "Stamford"
    state: str = 'CT'
    zip: str = '06820'
```

然後類別就可以正常工作了。這不是讓類別的建立更容易嗎？

裝飾者、適配器和組合

如《設計模式》中所述，您可能已經認識到這些類別之間存在本質上的相似性。適配器似乎也「裝飾」了現有的類別。但是，它們的功能是將一個或多個類別的介面更改為對特定程式更方便的介面。裝飾者將方法添加到函式而不是類別。您也可以想像由單一項目組成的組合本質上是一個裝飾者，但我必須再次強調，它的動機是不同的。

裝飾者模式的影響

裝飾者模式提供了一種比使用繼承更靈活的方式來向類別中的函式添加職責，它讓您可以自定義類別，不須在繼承層次結構中建立子類別。然而，《設計模式》指出了裝飾者模式的兩個缺點。第一是裝飾者與其封閉的元件不相同。因此，物件類型的測試將失敗；第二是裝飾者可能產生一個具有「許多小物件」的系統，對於試圖維護程式碼的程式設計師來說，這些物件看起來都很相似。這可能是一個令人頭疼的維護問題。

裝飾者模式和門面模式在架構中極為相似。然而，在設計模式術語中，門面模式是一種將複雜系統隱藏在更簡單介面中的方法，而裝飾者透過包裝類別來添加功能。我們將在下一章中討論門面模式。

GitHub 範例程式碼

- SimpleDecoratorTk.py：使用 tkinter 為新函式屬性添加值
- SimpleDecoratorTtk.py：使用 tkinter ttk 工具包向新函式屬性添加值
- DecoCode.py：裝飾數學函式
- Decofunc.py：用作裝飾者的內部函式
- Dclass.py：帶有資料類別的員工類別
- Dclasse.py：沒有資料類別的員工類別

第 16 章

門面模式（Façade Pattern）

隨著程式的發展和演變，它們的複雜性經常會增加。事實上，儘管使用設計模式令人興奮，但這些模式有時會產生非常多的類別，以至於難以理解程式的流程。此外，可能有許多複雜的子系統，每個子系統都有自己的複雜介面。

門面模式能夠透過為這些子系統提供簡化的介面來簡化這種複雜性。這種簡化在某些情況下可能會降低底層類別的靈活性，但它通常仍為除了最複雜的使用者之外的所有使用者提供所需的所有功能。當然，這些使用者仍然可以存取底層類別和方法。

幸運的是，我們不必編寫一個複雜的系統來提供一個門面模式可以在哪裡發揮作用的範例。Python 提供了一組類別，這些類別使用稱為開放式資料庫連接（ODBC）的介面連接到資料庫。您可以連接到製造商有提供 ODBC 連接類別的任何資料庫：幾乎市面上所有的資料庫。

資料庫本質上是一組表，其中一個表中的欄位與另一個表中的某些資料相關，例如商店、食品和價格。您建立的查詢會產生從這些表計算的結果。查詢是用結構化查詢語言 (SQL) 編寫的，結果通常是一個新表，其中包含從其他表計算的列。

Python 介面比物件導向更程式化，可以基於圖 16-1 中的四個資料物件使用一些物件進行簡化。

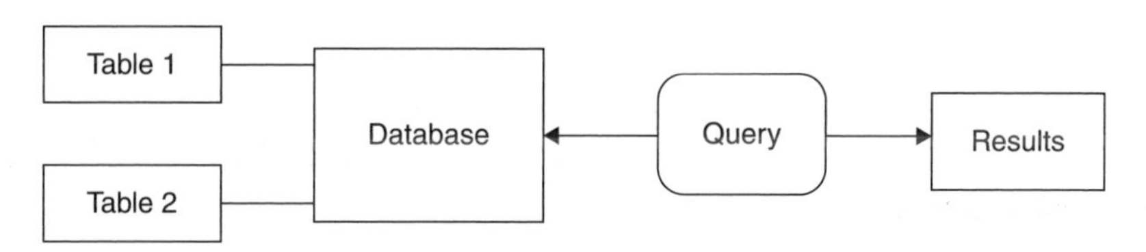

圖 16-1　使用門面模式的資料庫物件

我們使用流行的 MySQL 資料庫開始了這條道路，這是一個成熟的產業級別資料庫，您可以免費下載和使用。您可以在筆記型電腦或多人可以存取資料的伺服器上安裝並運行它。但是，對於不需要共享資料的簡單情況，有位同事建議我們也應該查看 SQLite 資料庫。

在這兩種情況下，這些資料庫幾乎都運行在所有計算平台上，Python 提供了連接它們的驅動程式。每個 SQLite 資料庫都是您電腦上的一個單獨檔案。它沒有嵌入到某些複雜的管理系統中，您可以在有用時輕鬆地將該檔案發送給其他使用者。

但是，透過設計一個由 `Database` 類別和 `Results` 類別組成的門面模式，我們可以為您決定使用的任何資料庫，建立一個更實用的系統。

在我們的範例中，我們建立了一個雜貨資料庫，其中只有三個表——食物、商店和價格。圖 16-2 展示了食物表。我們能夠使用免費的 MySQL Workbench 應用程式建立這個簡單的資料庫。SQLite 有一個類似的工具，稱為 SQLite Studio。

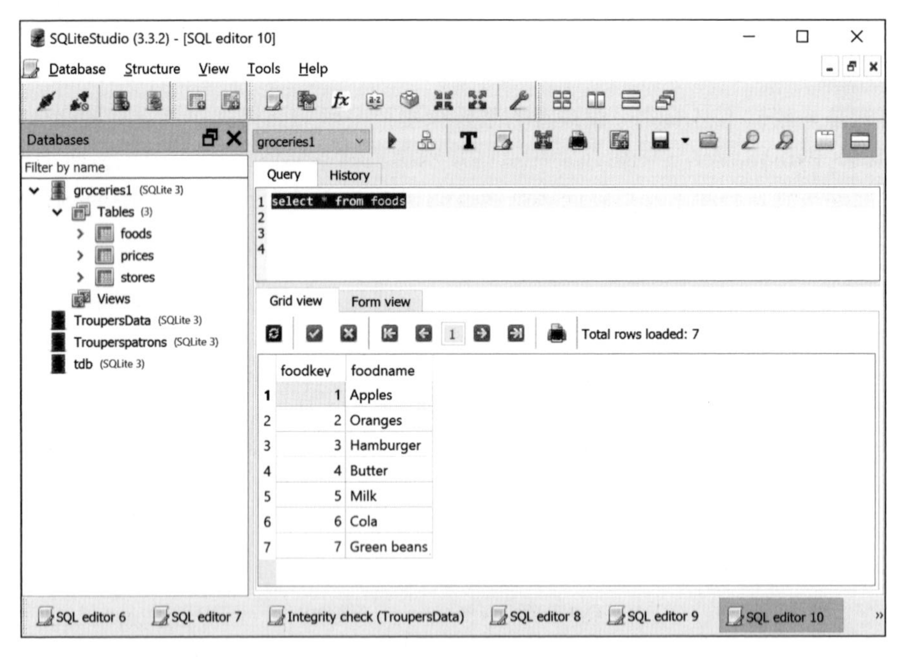

圖 16-2 MySQL 工作台

表可以有任意多的行，但有一行必須是主鍵（通常是整數）。此表只有鍵名和食物名稱。另外兩個表是商店和價格（見圖 16-3）。

	storekey	storename
1	1	Stop and Shop
2	2	Village Market
3	3	Shoprite

	pricekey	foodkey	storekey	price
1	1	1	1	0.27
2	2	2	1	0.36
3	3	3	1	1.98
4	4	4	1	2.39
5	5	5	1	1.98
6	6	6	1	2.65
7	7	7	1	2.29
8	8	1	2	0.29

圖 16-3　商店表和價格表的一部分

圖 16-3 上圖展示了完整的商店表，下圖則展示了價格表的一部分。價格表顯示食物表中的鍵、商店表中的鍵和價格。因此，第 1 行顯示商店 1（Stop and Shop）的食物 1（蘋果）每個價格為 0.27 美元。（這些是真實的商店名稱，但價格完全是虛構的。）

舉例來說，我們可以使用 SQL 查詢來取得蘋果的所有價格。。

建立門面類別（Façade class）

現在我們來考慮如何連接到 MySQL 資料庫。首先我們必須加載資料庫驅動程式：

```
import pymysql
```

然後我們使用 connect 函式連接到一個資料庫。請注意，這些參數需要關鍵字名稱。

```
db = pymysql.connect(host=self.host,
     user=self.userid, password=self.pwd)
```

這些參數是伺服器、使用者名稱、密碼和資料庫名稱。

如果想列出資料庫中表的名稱，我們需要在資料庫中查詢名稱：

```
db.cursor.execute("show tables")
rows = cursor.fetchall()
for r in rows:
    print(r)
```

這為您提供了以下內容，它們本質上是單元素元組（tuple）：

```
('foods',)
('prices',)
('stores',)
```

如果想執行一個查詢，例如取得蘋果的價格，可以這樣做：

```
# 使用 execute() 方法執行 SQL 查詢
cursor.execute(
"""select foods.foodname, stores.storename, prices.price from prices
    join foods on (foods.foodkey=prices.foodkey)
    join stores on (stores.storekey = prices.storekey )
    where foods.foodname='Apples' order by price"""

row = cursor.fetchone()
while row is not None:
    print(row)
    row = cursor.fetchone()
```

結果是三個元組：

```
('Apples', 'Stop and Shop', 0.27)
('Apples', 'Village Market', 0.29)
('Apples', 'ShopRite', 0.33)
```

這管理起來有點笨拙，而且完全是程式化的，沒有類別。

我們可以做出的一個簡化假設是，所有這些資料庫類別方法拋出的例外，都不需要複雜的處理。在大多數情況下，除非與資料庫的網路連接失敗，否則這些方法將正常工作。因此，我們可以將所有這些方法包裝在類別中，在這些類別中我們只需印出不常見的錯誤而不採取進一步的行動。

這樣就可以建立四個封閉類別，如圖 16-1 所示：Database 類別、Table 類別、Query 類別和 Results 類別。這些構成了我們一直在引導的門面模式。

這裡的 Database 類別不僅連接到伺服器並打開一個資料庫，而且還建立了一個 Table 物件陣列。

```
class MysqlDatabase(Database):
    def __init__(self, host, username, password,dbname):
        self._db = pymysql.connect(host=host, user=username,
                                   password=password, database=dbname)
        self._dbname = dbname
        self._cursor = self._db.cursor()

    @property
    def cursor(self):
        return self._cursor

    def getTables(self):
        self._cursor.execute("show tables")

        # 建立表物件的陣列
        self.tables = []
        rows = self._cursor.fetchall()
        for r in rows:
           self.tables.append(
                Table(self._cursor, r))
        return self.tables
```

Table 物件取得欄位名稱並儲存它們：

```
class Table():
    def __init__(self, cursor, name):
        self.cursor = cursor
        self.tname = name[0]    # 元組的第一個
        # 取得欄位名稱
        self.cursor.execute("show columns from " + self.tname)
        self.columns = self.cursor.fetchall()

    @property
    def name(self):      # 取得表名
        return self.tname


# 傳回欄位清單
    def getColumns(self):
        return self.columns
```

Query 類別執行查詢並傳回結果：

```
class Query():
    def __init__(self, cursor, qstring):
        self.qstringMaster = qstring  # 複製到master
        self.qstring = self.qstringMaster
```

```
        self.cursor = cursor

    # 執行查詢並且回傳所有結果
    def execute(self):
        print (self.qstring)
        self.cursor.execute(self.qstring)
        rows = self.cursor.fetchall()
        return Results(rows)
```

我們將查詢字串儲存在 qstringMaster 中，以便如果您想對不同的食物使用相同的查詢，可以複製和修改它。

最後，簡單的 Results 類別只保留行。

```
class Results():
    def __init__(self, rows):
        self.rows = rows

    def getRows(self):
        return self.rows
```

您可以透過添加一個疊代器來增強該類別，以逐一取得每一列，然後根據需要對其進行格式化。

這些簡單的類別允許我們編寫一個打開資料庫的程式；顯示表名、欄位名稱和內容；並在資料庫上運行一個簡單的 SQL 查詢。

DBObjects 程式存取一個簡單的資料庫，該資料庫包含三個當地市場的食品價格（見圖 16-4）。

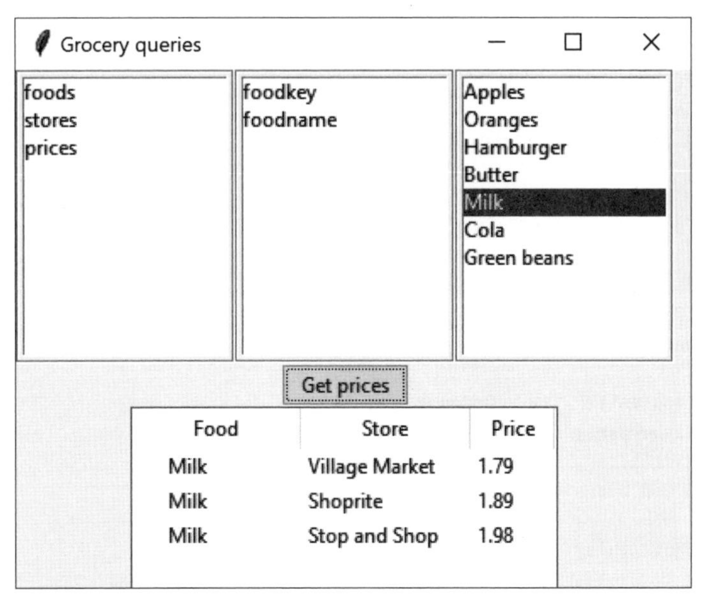

圖 16-4　使用 DBObjects 的雜貨店定價

點擊表名會顯示欄位名稱；點擊欄位名稱會顯示該行的內容。如果點擊「Get prices」按鈕，則會顯示您從右側 listbox 中選擇的任何食物按商店排序的食物價格。

該程式首先連接到資料庫並取得表名清單：

```
db = MysqlDatabase('localhost', 'newuser',
                   'new_user','groceries')
```

然後程式執行一個簡單的表名查詢，每個表在建立時都會執行一次欄位名稱查詢。當您點擊中間 listbox 中的欄位名稱時，會透過查詢產生行內容清單。

建立資料庫和表

透過對 Database、Table 和 Query 類別稍作修改，您可以建立資料庫，並建立和填滿表格，然後這些類別產生所需的 SQL。您可以在我們的 GitHub 儲存庫中找到完整的程式碼。

以下是我們為雜貨範例建立資料庫和表的方法。

```
db = Database("localhost", "newuser", "new_user")
db.create("groceries")
med = Mediator(db)  # 保留primary key字串

# 建立food table
foodtable = Table(db, "foods", med)
# 主鍵
foodtable.addColumn(Intcol("foodkey", True, med))
foodtable.addColumn (Charcol("foodname", 45))
foodtable.create()

vals = [(1, 'Apples'),    (2, 'Oranges'),
       (3, 'Hamburger'), (4, 'Butter'),
       (5, 'Milk'),      (6, 'Cola'),
       (7, 'Green beans')
       ]
foodtable.addRows(vals)

# 建立store table
storetable  = Table(db, "stores", med)
storetable.addColumn( Intcol("storekey", True, med))  # 主鍵
storetable.addColumn(Charcol("storename", 45))
storetable.create()

vals = [(1, 'Stop and Shop'),
        (2, 'Village Market'),
        (3, 'Shoprite')]
storetable.addRows(vals)
```

雖然 pricetable 的資料比較長，但方法完全相同：

```
pricetable = Table(db, "prices", med)
pricetable.addColumn(Intcol("pricekey", True, med))  # 主鍵
pricetable.addColumn(Intcol("foodkey", False, med))
pricetable.addColumn(Intcol("storekey", False, med))
pricetable.addColumn(Floatcol("price"))
pricetable.create()

vals = [( 1, 1, 1, 0.27),
        (2, 2, 1, 0.36), (3, 3, 1, 1.98),
        (4, 4, 1, 2.39), (5, 5, 1, 1.98),
# 諸如此類
]
pricetable.addRows(vals)
```

使用 SQLite 版本

Sqlite 的資料庫和表程式碼只有非常小的差異。為了說明類別的強大功能，我們可以從資料庫建立一個衍生類別，只需對方法稍作改動。例如，連接到 SQLite 資料庫僅意味著指定檔案名稱。而且 SQLite 沒有「show tables」SQL 命令，但您仍然可以從資料庫檔案中的主表中取得表名：

```
class SqltDatabase(Database):
    def __init__(self, *args):
        self._db = sqlite3.connect(args[0])
        self._dbname = args[0]
        self._cursor = self._db.cursor()

    def commit(self):
        self._db.commit()

    def create(self, dbname):
        pass

    def getTables(self):
        tbQuery = Query(self.cursor,
           """select name from
           sqlite_master where type='table'""")

        # 建立表物件的陣列
        rows = tbQuery.execute().getRows()
        for r in rows:
             self.tables.append(
                 SqltTable(self._db, r))
        return self.tables
```

對衍生的 SqltTable 類別的更改同樣非常簡單，使用 SQLite 的 Groceries 應用程式執行，並且看起來與 MySQL 版本完全相同。

門面的影響

門面模式將客戶端與複雜的子系統元件隔離開來，並為普通使用者提供更簡單的程式設計介面。但是，它並不妨礙進階使用者在必要時進入更深、更複雜的類別。

此外，門面模式允許您在底層子系統中進行更改，而無須更改客戶端程式碼，並且它減少了編譯依賴性。

GitHub 範例程式碼

- Dbtest.py：不帶門面的測試查詢
- SimpledbObjects.py：沒有使用者介面的查詢
- DBObjects.py：完整的資料庫類別集
- MysqlDatabase.py：連接到 MySQL
- SqltDatabase.py：連接到 SqlLite
- Makedatabase.py：建立雜貨 MySQL 資料庫
- Makesqlite.py：建立一個 SQLite 資料庫
- Grocerydisplay.py：使用 MySQL 顯示雜貨
- GroceryDispLite：使用 SQLite 顯示雜貨

MySQL 注意事項

MySQL 一直是一個開放程式碼專案，但它的歷史很複雜：它被賣給了 Sun Microsystems，然後被 Oracle 接管；Oracle 現在免費支援 MySQL，儘管它也提供付費版本。最早的 MySQL 開發人員當時離開了該項目，帶著 MySQL 程式碼並創造了 MariaDB（這也是免費提供的）。

對於大多數平台，您可以直接從 Oracle 網站 (mysql.com) 下載和安裝 MySQL。對於 Windows，使用 .msi 安裝程式，它應該會安裝 Python 使用 MySQL 所需的一切。

您還需要使用 pip 安裝 pymysql 函式庫：

```
pip install pymysql
```

對於 PyCharm，這可以直接從命令行完成。對於 VSCODE，您需要在 VSCODE 中打開一個命令行來在正確的位置安裝這個函式庫。

安裝 MySQL 時，還需要建立除 root 以外的使用者。確保將身分驗證類型設置為標準，並將管理角色設置為 DBA。

使用 SQLite

您可以從 sqlite.com 下載 Windows ZIP 檔案（以及許多其他檔案）。將其解壓縮到任何方便的目錄，並將該目錄加到路徑中。Sqlite Studio 可在 sqlitestudio.pl 取得。

參考資料

https://dev.mysql.com/doc/refman/8.0/en/windows-installation.html

第 17 章

享元模式（Flyweight Pattern）

有時在程式設計中，似乎需要產生非常大量小的類別實例來表示資料。如果你能夠意識到這些實例除了少數參數外，基本上是相同的，則可以大大減少需要實例化的不同類別的數量。如果您可以將這些變數移出類別實例，並將它們作為方法調用的一部分傳入，則可以透過共享它們來大大減少單獨實例的數量。

享元設計模式提供了一種處理這種類別的方法。它指的是實例的**內在**（*intrinsic*）資料，它使實例具有唯一性，以及作為參數傳入的**外在**（*extrinsic*）資料。享元模式適用於小的、細粒度的類別，例如螢幕上的單一字元或圖示。例如，您可能在螢幕的視窗上繪製一系列圖示，其中每個圖示代表一個人或一個資料檔作為資料夾（見圖 17-1）。

在這種情況下，為每個資料夾建立一個單獨的類別實例來記住人名和圖示的螢幕位置是沒有意義的。通常，這些圖示是少數相似的圖示之一，它們的繪製位置是根據視窗的大小動態計算的。

在《設計模式》中的另一個範例中，文件中的每個字元都表示為字元類別的單一實例，但是在螢幕上繪製字元的位置作為外部資料保存，因此每個字元只需要一個實例，而不是該字元每次出現都要一個實例。

什麼是享元？

享元是類別的可共享實例。起初，每個類別似乎都是一個單例模式，但實際上可能存在少量實例，例如每個字元一個或每個圖示類型一個。必須根據需要類別實例來確定分配的實例數。這通常藉由 `FlyweightFactory` 類別來完成。這個工廠類別通常是一個單例，因為它需要追蹤是否已經產生了一個特定的實例，然後該類別傳回一個新實例或對它已經產生的實例的引用。

要決定程式的哪一部分可以用享元模式，可以看是不是可以從類別中移除一些資料，讓它成為外在資料，如果這可以減少您的程式對於維護不同類別的大量實例的需求，這可能是享元模式可以幫到忙的地方。

範例程式碼

假設我們要為組織中的每個人繪製一個帶有名稱的小資料夾圖示。如果這是一個大型組織，可能會有大量這樣的圖示，但這些圖示實際上都是具有不同文字標籤的相同圖形圖片。即使我們有兩個圖示，一個代表「被選取」，一個代表「未選取」，不同圖示的數量也很少。在這樣的系統中，每個人都有一個圖示物件，具有自己的坐標、名稱和選定狀態，是一種資源浪費。圖 17-1 中包含了兩種圖示。

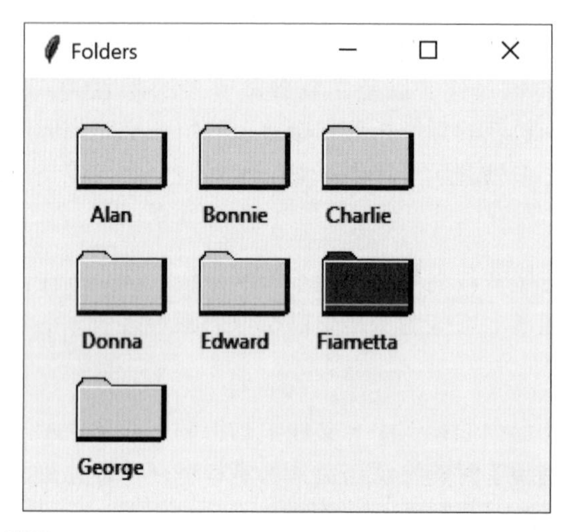

圖 17-1　資料夾作為享元

實際上，我們將建立一個 FolderFactory，它傳回選定或未選定的資料夾繪圖類別，但在建立每個實例後，不建立其他實例。因為這是一個如此簡單的案例，我們只是在一開始就建立它們，然後傳回其中一個：

```
# 回傳一個選擇或未選擇的資料夾
class FolderFactory():

    def __init__(self, canvas):
        brown = "#5f5f1c"
```

```
        self.selected = Folder(brown, canvas)
        self.unselected = Folder("yellow", canvas)

    def getFolder(self, isSelected):
        if isSelected:
            return self.selected
        else:
            return self.unselected
```

對於可能存在更多實例的情況，工廠可以保留它已經建立的實例的表，僅當它們不在表中時才建立新實例。

然而，使用享元的獨特之處在於，我們在繪製時，將要繪製的坐標和名稱傳遞到資料夾中。這些坐標是允許我們共享資料夾物件的外部資料，在這種情況下只建立兩個實例。底下顯示的完整資料夾類別只是建立一個具有一種背景顏色或另一種背景顏色的資料夾實例、並具有一個公用的 Draw 方法，該方法在您指定的點繪製資料夾。

```
# 繪製一個資料夾
class Folder():
    W =50
    H=30

    def __init__(self, color, canvas:Canvas):
        self._color = color
        self.canvas = canvas
# 繪製資料夾
    def draw (self, tx, ty, name):
        self.canvas.create_rectangle(tx, ty,
            tx+Folder.W, ty+Folder.H, fill="black")
        self.canvas.create_text(tx+20, ty+Folder.H+15, text=name)
        self.canvas.create_rectangle(
            tx+1, ty+1, tx + Folder.W-1,
            ty + Folder.H-1,
            fill=self._color)
        # ---- 等等 ----
```

要使用這樣的享元類別，主程式必須計算每個資料夾的位置，作為其繪製常式的一部分，然後將坐標傳遞給資料夾實例。這其實是相當常見，因為需要根據視窗尺寸有不同的版面配置，而且您不會想一直告訴每個實例它的新位置在哪裡。實際上，我們會在繪製過程中動態計算它。

請注意，我們可以在一開始就產生一個資料夾陣列，然後簡單地掃描陣列以繪製每個資料夾。這樣的陣列不像一系列不同的實例那樣浪費，因為它實際上是參照陣列（array of references）指向僅有的兩個資料夾實例之一。但是，因為我們希望顯示一個資料夾為選取狀態，並且希望能夠動態更改選擇哪個資料夾，所以我們每次只需使用 FolderFactory 本身來為我們提供正確的實例：

```
def repaint(self):
    j = 0
    row = BuildUI.TOP
    x= BuildUI.LEFT

    # 查看是否有任何被選取，並且
    # 使用 factory 建立它
    for nm in self.namelist:
        f = self.factory.getFolder(
             nm == self.selectedName)
        f.draw( x, row, nm)
        x += BuildUI.HSPACE
        j += 1
        if j > BuildUI.ROWMAX:
            j = 0
            row += BuildUI.VSPACE
            x = BuildUI.LEFT
```

FlyCanvas 類別是排列和繪製資料夾的主要 UI 類別。它包含一個 FolderFactory 實例和一個 Folder 類別實例。FolderFactory 類別包含 Folder 的兩個實例：選取和未選取。FolderFactory 將其中一個或另一個傳回給 FlyCanvas。

選擇資料夾

由於我們有兩個資料夾實例，我們稱之為選取和未選取，我們希望能夠透過將滑鼠移到資料夾上來選擇資料夾。在前面顯示的繪製常式中，我們只需記住所選資料夾的名稱，並要求工廠傳回所選資料夾。資料夾不是單獨的實例，因此我們無法在每個資料夾實例中監聽滑鼠移動。事實上，即使我們確實在資料夾中收聽，我們也需要有一種方法來告訴其他實例取消選擇自己。

我們在畫布層級檢查滑鼠點擊。如果發現滑鼠位於資料夾矩形內，便將對應的名稱設為所選名稱。這允許我們在重繪時檢查每個名稱，並在需要的地方建立選定的資料夾實例：

```
# 搜尋點擊是否在資料夾中
# 改變選定名稱重新繪製
# 一個新的選定資料夾
def mouseClick(self, evt):
    self.selectedName= ""
    found = False
    j = 0
    row =FlyCanvas.TOP
    x = FlyCanvas.LEFT
    self.selectedName = ""  # 空白如果不在資料夾上
    for nm in self.namelist:
        if x < evt.x and evt.x < (x+ Folder.W):
             if row < evt.y and \
                   evt.y < (row+Folder.H):
                self.selectedName = nm
                found = True
        j += 1
        x += FlyCanvas.HSPACE
        if j > FlyCanvas.ROWMAX:
            j=0
            row += FlyCanvas.VSPACE
            x = FlyCanvas.LEFT
    self.repaint()
```

寫時複製物件

享元模式僅使用幾個物件實例來表示程式中的許多不同物件。它們通常都具有與內在資料相同的基本屬性和一些屬性代表外在資料，這些外在資料隨類別實例的不同表現形式而變化。但是，其中一些實例最終可能具有新的內在屬性（例如形狀或資料夾 tab 位置），並且需要類別的新特定實例來表示它們。當程式流程指示需要新的單獨實例時，您可以複製類別實例，並改變其內在屬性，而不是預先建立特殊的子類別。因此，當更改不可避免時，該類別會複製它自己，從而更改新類別中的那些內在屬性。我們將此過程稱為寫時複製，並且可以將此過程建立到享元以及許多其他類別中，例如下一章討論的代理模式。

GitHub 範例程式碼

- FlyFolders.py

第 18 章

代理模式

當您需要用更簡單的物件來表示複雜或耗時的物件時，使用代理模式。如果建立一個物件需要耗費大量時間或電腦資源，代理可以讓您推遲建立，直到您需要實際物件。代理通常具有與其所代表的物件相同的方法；加載物件時，它會將方法調用從代理傳遞給實際物件。

在以下幾種情況下，代理可能會很有用：

1. 如果一個物體，比如一張大圖，加載時間長。
2. 如果物件在遠端機器上並且透過網路加載，它可能會很慢，尤其是在網路負載高峰期。
3. 如果物件具有有限的存取權限，代理可以驗證該使用者的存取權限。

代理也可用於區分請求物件實例和實際需要存取它。例如，程式初始化可能會設置許多可能不會立即使用的物件。在這種情況下，代理只能在需要時才加載真實物件。

假設一個程式需要加載並顯示一個大圖片。當程式啟動時，必須有一些指示要顯示圖片，以便螢幕版面配置正確，但實際的圖片顯示可以推遲到圖片完全加載。這在文字處理器和網路瀏覽器等程式中尤其重要，這些程式甚至在圖片可用之前就在圖片周圍佈置文字。

使用 Pillow 圖片庫

標準 Python 函式庫僅支援 .png 檔案和 .ppm 檔案。要顯示更常見的 .jpg 檔，您需要一個名為 Python Image Library (PIL) 或 Pillow 的 Python 增強功能。您可以在 https://pypi.org/project/Pillow/#files 找到您的平台和 Python 版本的安裝檔案，然後使用 pip 安裝它。

首先，轉到您的 Python 目錄，`c:\users\yourname\Appdata\Local`。

接著繼續進到 `Programs\Python\Python38-32`。

從 pypi 站點下載 .whl 檔到這個資料夾，然後使用 pip 安裝它：

```
pip install Pillow-7 … etc.
```

最後重新啟動您的 Python 開發環境，以查看 Pillow 可用。

使用 PIL 顯示圖片

在以下範例中，我們將從 24MB JPG 檔案 (5168×4009) 開始，再把它縮小到 516×400 以加快載入和顯示速度。

您需要導入以下內容才能使用 PIL：

```
import tkinter as tk
from tkinter import Canvas, NW
from PIL import ImageTk, Image
```

接著在幾行之內，您就可以讀取大的 .jpg 檔案，並縮小到原始大小的 10% 左右，使用 PIL 而不是本機 Python 圖片類別建立一個 PhotoImage。

```
root = tk.Tk()
root.title("Edward")
w = 516
h = 400
root.configure(background='grey')
path = "Edward.jpg"

# 建立一個 Tkinter-compatible photo image
# 使用 PIL 讀取 JPG 檔
img = Image.open(path)
img = img.resize((w, h), Image.ANTIALIAS)
self.photoImg = ImageTk.PhotoImage(img)
```

最後建立一個 Canvas，並使用 Canvas 類別的 create_image 方法來顯示圖片：

```
self.canv = Canvas(root, width = w+40, height = h+40)
self.canv.pack(side="bottom", fill="both", expand="yes")
self.canv.create_rectangle(20,20,w+20,h+20, width=3)
self.canv.create_image(20,20, anchor=NW, image=self.photoImg)
```

使用多執行緒處理圖片加載

現在，如果這是一個非常大的圖片，或者由於某種原因需要很長時間才能加載，圖片代理將是一個好主意。我們啟動主程式，讓它繪製一個將加載圖片的框架，然後分離一個單獨的執行緒來取得和縮放圖片。

我們首先建立畫布，並繪製佔位矩形：

```
self.canv = Canvas(root, width = self.w+40, height = self.h+40)
self.canv.pack(side="bottom", fill="both", expand="yes")
self.canv.create_rectangle(20,20, self.w+20,self.h+20, width=3)
```

然後您需要導入執行緒和時間函式庫：執行緒只是為了執行執行緒和時間，因為我們將引入人為的延遲，來表示更長的程序：

```
import threading
import time
```

要分離執行緒，您需要建立執行緒系統調用的函式。它可以是當前類別中的一個簡單函式，也可以是一個更長的函式。

該函式必須至少有一個參數，即執行緒 ID。它可以是您想要的任何字串。參數在 `*args` 陣列中，您可以按位置取得它們：`args[0]` 是執行緒 ID，其餘是執行緒本身的參數。我們這裡的唯一參數是正在加載的圖片的檔名：

```
def thread_image(self,*args):
    name = args[0]       # 執行緒 identifier
    time.sleep(2)        # 這裡是延遲
    # 打開圖片並縮放它
    img = Image.open(args[1])   # 圖片位置
    img = img.resize((self.w, self.h),
                     Image.ANTIALIAS)
    self.photoImg = ImageTk.PhotoImage(img)
    self.canv.create_image(20, 20, anchor=NW,
                           image=self.photoImg)
```

要從主程式啟動執行緒，請建立一個 `Thread` 並在其上調用 `start`：

```
# 設定圖片執行緒
x = threading.Thread(target=self.thread_image,
                     args=(1,path))
x.start()       # 在這啟動執行緒
```

請注意，thread_image 函式會休眠 2 秒。這表示執行緒應該使用的長時間延遲。這個程式的結果首先是一個空幀，2 秒後會有一個圖片（見圖 18-1）。

圖 18-1 2 秒後顯示的圖片

從執行緒記錄

如果您正在編寫簡單的單執行緒程式，您可以透過添加 print 語句或使用除錯器（debugger），來追蹤它們的進度。但是，當您執行多個執行緒時，這會變得更加棘手，因為其他執行緒不會印出到控制台。要使用日誌記錄，您當然必須包含 import 語句：

```
import logging
```

有五個級別的日誌記錄：除錯、訊息、警告、錯誤和關鍵。您可以使用 logging.debug、logging.info、logging.warning、logging.error 和 logging.critical 方法來發出日誌訊息。這些訊息將寫入控制台或您選擇的檔案，您可以使用以下方法設置您看到的日誌訊息級別：

```
logging.basicConfig
```

舉例來說：

```
format = "%(asctime)s: %(message)s"
logging.basicConfig(format=format,
                    level=logging.INFO,
                    datefmt="%H:%M:%S")
```

然後，您可以從任何執行緒中的任何位置發出日誌訊息：

```
logging.info("Thread %s: starting", name)
```

要將訊息寫入檔案，請在配置語句中包含檔案名：

```
logging.basicConfig(format=format,
                    level=logging.INFO,
                    file= "logfile.log",
                    datefmt="%H:%M:%S")
```

當您需要對多執行緒程式除錯時，日誌記錄特別有用，因為看不到其他執行緒的控制台輸出。

寫時複製（Copy-on-Write）

您還可以使用代理來保留可能會或可能不會更改的大型物件的副本。如果您建立昂貴物件的第二個實例，代理可以決定還不需要製作副本，它只是使用原始物件。如果程式在新副本中進行了更改，代理可以複製原始物件，並在新實例中進行更改。當物件在實例化後並不總是發生變化時，這可以節省大量時間和空間。

比較相關模式

Adapter 和 Proxy 都組成了一個圍繞物件的薄層。適配器為物件提供了不同的介面，而代理為物件提供了相同的介面，但將自身插入到可以推遲處理或資料傳輸工作的地方。

裝飾者也具有與其所包圍的物件相同的介面，但其目的是為原始物件添加額外的（有時是視覺的）功能。相比之下，代理控制對包含的類別進行存取。

GitHub 範例程式碼

- Canvasversion.py：使用 PIL 函式庫顯示圖片
- ThreadCanvas.py：顯示一個框架，然後顯示圖片
- ThreadLogging.py：使用日誌記錄程式
- Edward.jpg：代理加載圖片

第 19 章

結構型模式總結

第二部分的章節涵蓋了以下模式：

- 適配器模式，用於將一個類別的介面更改為另一個類別的介面。
- 橋接模式，旨在將類別的介面與其實作分離，以便您可以在不更改客戶端程式碼的情況下更改或替換實作。
- 組合模式，物件的集合，其中任何一個都可以是組合或只是葉子物件。
- 裝飾者模式，一個圍繞給定類別的類別，為其添加新功能，並將所有未更改的方法傳遞給底層類別。
- 門面模式，它將一組複雜的物件分組，並提供一個新的、更簡單的介面，來存取這些資料。
- 享元模式，藉由將一些類別資料移出類別，並在各種執行方法期間傳入，來提供一種方式限制小型相似實例擴散。
- 代理模式，它為更複雜的物件提供了一個簡單的占位物件，在某種程度上，該物件的實例化既費時又費錢。

本書下一部分的章節將涵蓋行為模式。

Part IV

行為型模式

行為型模式是那些特別關注物件之間如何溝通的模式。

- 責任鏈透過將請求從一個物件傳遞到鏈中的下一個物件直到請求被接受，從而實現物件之間的解耦。
- 命令模式利用簡單的物件來表示軟體命令的執行，並允許您支援日誌記錄和可取消操作。
- 解譯器提供了如何在程式中包含語言元素的定義。
- 疊代器模式形式化了我們在類別中移動資料清單的方式。
- 中介者定義了如何透過使用單獨的物件來簡化物件之間的通信，以使所有物件不必相互了解。
- 觀察者模式定義了可以通知多個物件更改的方式。
- 狀態模式允許物件在其內部狀態改變時修改其行為。
- 策略模式將演算法封裝在一個類別中。
- 模板方法模式提供了演算法的抽象定義。
- 存取者模式以非侵入方式將多態函式添加到類別中。

這些模式是基本的 23 種設計模式中最強大和最常用的一些，因此請務必仔細研究它們。

第 20 章

責任鏈模式（Chain of Responsibility）

責任鏈模式允許多個類別嘗試處理請求，其中任何一個類別都不知道其他類別的能力。它提供了這些類別之間的鬆散耦合；唯一的共同鏈接是它們之間傳遞的請求。請求被傳遞，直到其中一個類別可以處理它。

這種鏈模式的一個例子是 Help 系統，應用程式畫面的每個區域都會邀請您尋求幫助（見圖 20-1）。還有一些視窗背景區域，其中更通用的 Help 是唯一合適的結果。

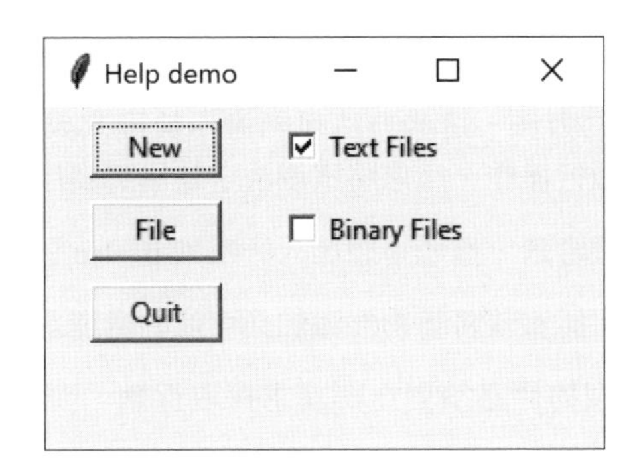

圖 20-1　Help 系統畫面

當選擇一個區域尋求幫助時，該視覺控件（Visual Control）會將 ID 或名稱轉發給鏈。假設點擊 New 按鈕。如果第一個模組可以處理 New 按鈕，它會顯示幫助訊息。如果不行，它將請求轉發到下一個模組。最終，訊息被轉發到「All buttons」類別，該類別可以顯示有關按鈕如何作用的一般訊息。如果沒有可用的一般按鈕幫助訊息，則訊息將轉發到 General Help 模組，該模組告訴您系統的一般工作方式。如果不存在，則訊息會丟失，並且不會顯示任何訊息。如圖 20-2 所示。

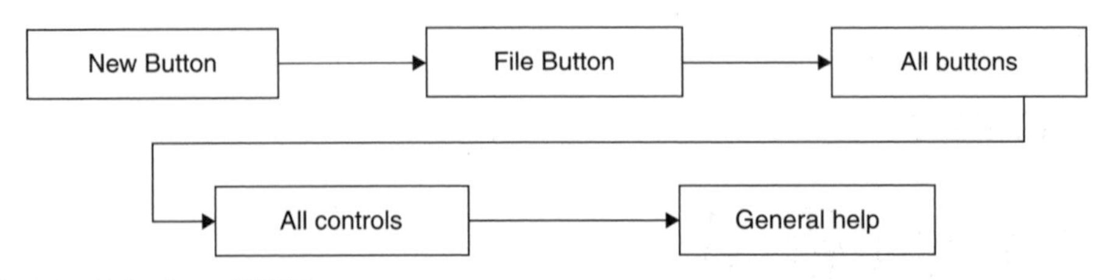

圖 20-2　Help demo 流程圖

我們可以從這個例子中觀察到兩個重要的點。第一點，鏈是從最具體到最通用來組織的。第二點，不能保證請求在所有情況下都會產生回應。觀察者模式定義了多個類別可以被通知更改的方式。

何時使用鏈

責任鏈模式是一個很好的例子，它有助於將知識與程式中的每個物件可以做的事情分開。換句話說，它減少了物件之間的耦合，使它們可以獨立行動。這也適用於構成主程式並包含其他物件實例的物件。您會發現此模式在某些情況下很有幫助：

- 幾個物件具有相似的方法，這些方法可能適用於程式請求的操作。但是，由物件決定由哪個物件執行操作，比您將這個決定建構到調用程式碼中更合適。
- 其中一個物件可能最合適，但您不想加入一系列 if-else 語句來選擇特定物件。
- 當程式執行時，您可能希望將新物件添加到可能的處理選項清單中。
- 在某些情況下，多個物件必須對一個請求採取行動，而您不想將這些互動的知識建置到調用程式中。

範例程式碼

我們剛剛描述的 Help 系統對第一個範例來說有點複雜。我們從一個簡單的視覺化命令解釋程式開始，該程式說明鏈是如何運作的。該程式顯示輸入命令的結果。第一種情況被限制為使範例程式碼易於處理，但我們將看到這種責任鏈模式通常用於解析器（parser）和編譯器（compiler）。

在這個例子中，命令可以是：

- 圖片檔名
- 通用檔名
- 顏色名稱
- 所有其他命令

在前三種情況下，我們可以顯示請求的具體結果。在最後一種情況下，我們只能顯示請求文字本身（見圖 20-3）。

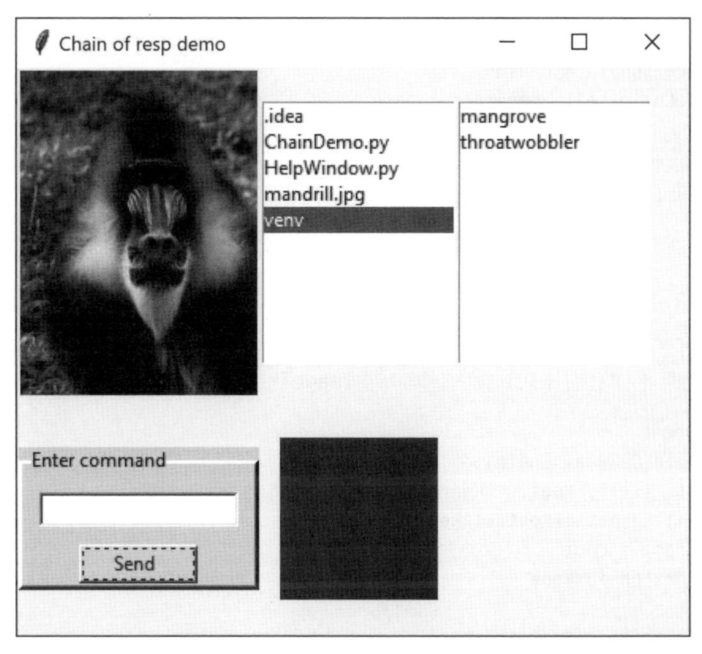

圖 20-3　責任鏈 demo（圖片來源：Mandrill image, Jasni/Shutterstock）

圖 20-3 說明了以下步驟：

1. 輸入「Mandrill」以查看圖片 mandrill.jpg。
2. 輸入「venv」，該檔案名在 listbox 中顯示。
3. 輸入「blue」，該顏色將顯示在下方方框中。

最後，如果我們輸入的內容既不是檔案名也不是顏色，該文字將顯示在最右側的 listbox 中（見圖 20-4）。

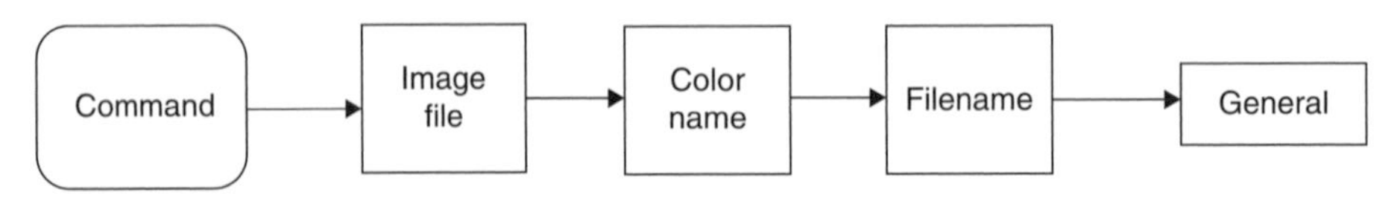

圖 20-4　責任鏈 demo 流程圖

要編寫這個簡單的責任鏈程式，您可以從一個基本的 Chain 類別開始：

```
class Chain():
    def addChain(self, chain):
        self.nextChain = chain
    def sendToChain(self, mesg:str): pass
```

addChain 方法將另一個類別添加到類別鏈中。nextChain 屬性傳回訊息轉發到的當前類別。這兩種方法允許我們動態修改鏈，並在現有鏈的中間添加類別。sendToChain 方法將訊息轉發到鏈中的下一個物件。

ImageChain 類別衍生自 Canvas 和 Chain。它接收訊息並尋找具有該根名稱的 .jpg 檔案。如果它找到一個，便會顯示它；如果沒有，它會拋出一個例外，並沿著鏈繼續下去。請注意，我們使用 PIL 函式庫中的 ImageTk 類別來讀取 JPEG 檔。

```
# 尋找要顯示的 jpg 檔
class ImageChain(Canvas, Chain):
    def __init__(self, root, **kwargs):
        super().__init__(root, **kwargs)
        self.root = root
        self.nextchain=None

    def sendToChain(self, mesg:str):
        try:
            img = Image.open(mesg + ".jpg")
            self.photoImg = ImageTk.PhotoImage(img)
            self.create_image(0, 0, anchor=NW,
                        image=self.photoImg)
        except:
            self.nextChain.sendToChain(mesg)
```

以類似的方式，ColorFrame 類別將訊息簡單地解釋為顏色名稱，並在可能的情況下顯示它。tkinter 函式庫支援八種命名的顏色；我們可以將它們放在一個集合中，並檢查輸入的訊息是否是該集合的成員。

```
self.colorSet = { "white", "black", "red", "green",
                  "blue", "cyan",
                  "yellow","magenta"}

def sendToChain(self, mesg:str):
    # 如果訊息是這些顏色中的一種
    # 顯示它
    if mesg in self.colorSet:
        s = tkinter.ttk.Style()
        s.configure('new.TFrame', background=mesg)
        self.configure(style='new.TFrame')
    else:
        self.nextChain.sendToChain(mesg)
```

Listbox

檔案清單和無法識別的命令清單都是普通的 listbox。ErrorList 類別是鏈的末端，任何到達它的命令都簡單地顯示在清單中。但是，為了方便擴充，我們也可以將訊息轉發給其他類別。

```
class ErrorList(Listbox, Chain):
    def __init__(self, root):
        super().__init__(root)

    def sendToChain(self, mesg: str):
        self.insert(END, mesg)
```

FileList 類別非常相似。唯一的區別是，在使用對 os.dir 的調用來取得檔案清單時，它將當前目錄中的檔案清單加載到清單中。

```
class FileList(Listbox, Chain):
    def __init__(self, root):
        super().__init__(root)
        self.files = os.listdir('.')
        for f in self.files:
            self.insert(END, f)
```

然後 sendToChain 方法在此清單中尋找匹配項，並在找到時突出顯示該檔案名稱。

```
def sendToChain(self, mesg:str):
    index = 0
    found = False
    for f in self.files:
        if mesg == f.lower():
            self.selection_set(index)
            found = True
        index += 1
    if not found:
        self.nextChain.sendToChain(mesg)
```

最後，我們在建構子中，將這些類別鏈接在一起形成鏈：

```
# 建立鏈
    self.entrychain.addChain(self.imgchain)
    self.imgchain.addChain(self.flistbox)
    self.flistbox.addChain(self.cframe)
    self.cframe.addChain(self.errList)
```

EntryChain 類別是實作 Chain 介面的初始類別。它接收按鈕點擊，並從文字欄位中取得文字。它將命令傳遞給 ImageChain 類別、FileList 類別、ColorImage 類別，最後是 ErrorList 類別。

開發一個 Help 系統

正如我們在討論開始時所指出的，Help 系統提供了一個有關如何使用責任鏈模式的好例子。既然我們已經概述了編寫此類鏈的方法，我們將考慮一個用於具有多個控件的視窗 Help 系統。當使用者按下 F1（Help）鍵時，程式會彈出 Help 對話框訊息。該訊息取決於按下 F1 鍵時選擇的控件。

如果未選擇任何控件，則會彈出一條常規訊息（參見圖 20-5）。

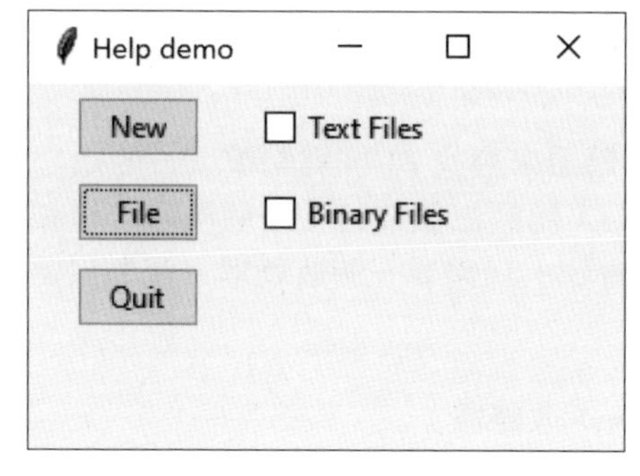

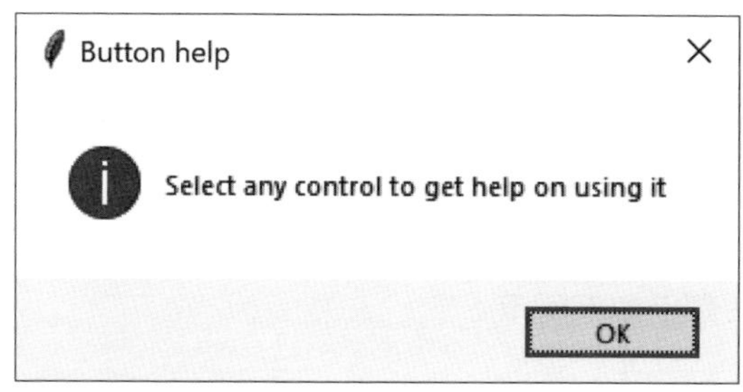

圖 20-5　未選擇控件時的一般幫助訊息

為了編寫這個 Help 系統，我們建立了前面顯示的五個小元件，每個小元件都有自己的類別。這裡我們從一開始一直使用的同一個 DButton 類別衍生 NewButton、Filebutton 和 Quitbutton，並從我們在第 2 章「Python 中的視覺化程式設計」中建立的 Checkbox 類別衍生 TextCheck 和 BinCheck。這些類別也繼承自 Chain 類別，這與前面的範例非常相似，只是我們將實際事件傳遞給類別：

```
# 鏈基礎類別
class Chain():
    def addChain(self, chain):
        self._nextChain = chain

    def sendToChain(self, evt):pass
```

因此，我們把前面的五個類別寫成一個鏈，如下：

```
# 建立責任鏈
self.newButton.addChain(self.fileButton)
self.fileButton.addChain(self.quitButton)
self.quitButton.addChain(self.textCheck)
self.textCheck.addChain(self.binCheck)
```

接收 Help 命令

現在您需要分配鍵盤收聽器來尋找 F1 按鍵點擊。一開始您可能認為我們需要六個這樣的收聽器（listener），用於三個按鈕、兩個核取方塊和背景視窗。但是，對於 Frame 視窗本身，我們實際上只需要一個收聽器。我們只需檢查哪個組件具有焦點（focus）。

我們以這種方式添加 <Key> 收聽器：

```
# 連接點擊事件監控器
self.frame.bind("<Key>", self.keyPress)
```

請注意，我們使用 self.focus_get() 取得具有當前焦點的元件，並沿鏈發送該元件，以取得系統所提供最具體的 Help 訊息。在每個 Help 物件中，都會測試該物件是否是該 Help 訊息所描述的物件；要麼顯示訊息，要麼將物件轉發到下一個鏈元素。對於 File 按鈕，類別如下所示：

```
# File 按鈕和 Help 訊息
class FileButton(DButton, Chain):

    def __init__(self, root, **kwargs):
        super().__init__(root, text="File",
                         **kwargs)

    def sendToChain(self, evt):
        sel = self.focus_get()._name
        nm = self._name
        if sel.find(nm) >= 0:
            messagebox.showinfo("File button", "Opens an existing file")
        else:
            self.nextChain.sendToChain(evt)
```

第一個案例

程式設計的一個重要教訓是學習檢查最終情況。我們的最終案例之一是鏈的最後一個元素 BinCheck 類別。無論如何，焦點名稱總是匹配的，並且 sendToChain 永遠不會被調用。

但是，第一種情況是有問題的。假設程式啟動時，沒有一個物件具有焦點。接著以下方法會失敗：

```
sel = self.focus_get()._name
```

這是因為具有焦點的物件是 Frame，它沒有 _name 方法。您可以透過兩種方式糾正此問題：捕捉未知方法的例外或測試結果。

```
sel = self.focus_get()
```

這將傳回 Frame 的名稱，它只是一個句點。因此，對於鏈的第一個元素，我們必須對此進行測試，然後產生前面顯示的一般 Help 訊息。

```
s1 = str(self.focus_get()) # 檢查焦點名稱
if len(s1)>1:              # if it is "." 這是 frame
    sel = self.focus_get()._name # 取得真的 focus
    nm = self._name        # 和這個類別的名稱

    if sel.find(nm) >=0:  # sel 會由 "!" 開頭
        messagebox.showinfo("New button",
                            "Creates a new file")
    else:
        self.nextChain.sendToChain(evt)
else:
    # 如果沒有物件有焦點，顯示一般訊息
    messagebox.showinfo("Button help",
            "Select any control using the Tab key\n"
             + "to get help on using it" )
```

鏈還是樹？

當然，責任鏈模式不一定是線性的。*Smalltalk Companion* 認為它更像是一個具有許多特定入口點的樹結構，所有入口點都向上指向最通用的節點（見圖 20-6）。

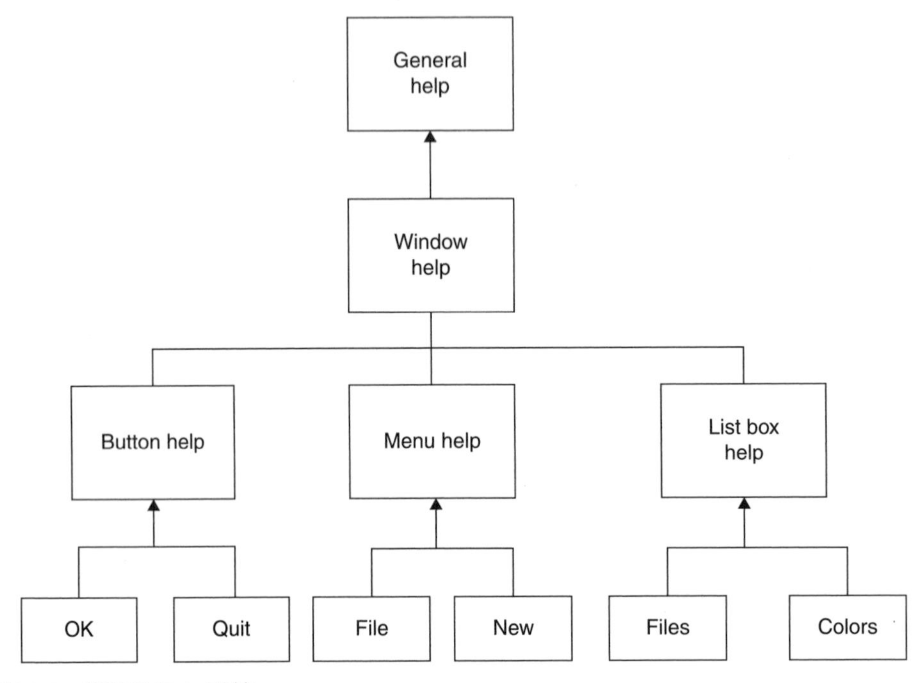

圖 20-6 樹結構 Help 系統

然而，這種結構似乎意味著每個按鈕或其處理程式，都知道從哪裡進入鏈。在某些情況下，這會使設計複雜化，並且可能根本不需要鏈。

處理樹狀結構的另一種方法是擁有一個分支到特定按鈕、選單或其他小元件類型的單個入口點，接著「取消分支」到更一般的 Help 案例。這種複雜性幾乎沒有理由：您可以將類別排列成一條鏈，從底部開始，然後從左到右，一次向上一列，直到遍歷整個系統（見圖 20-7）。

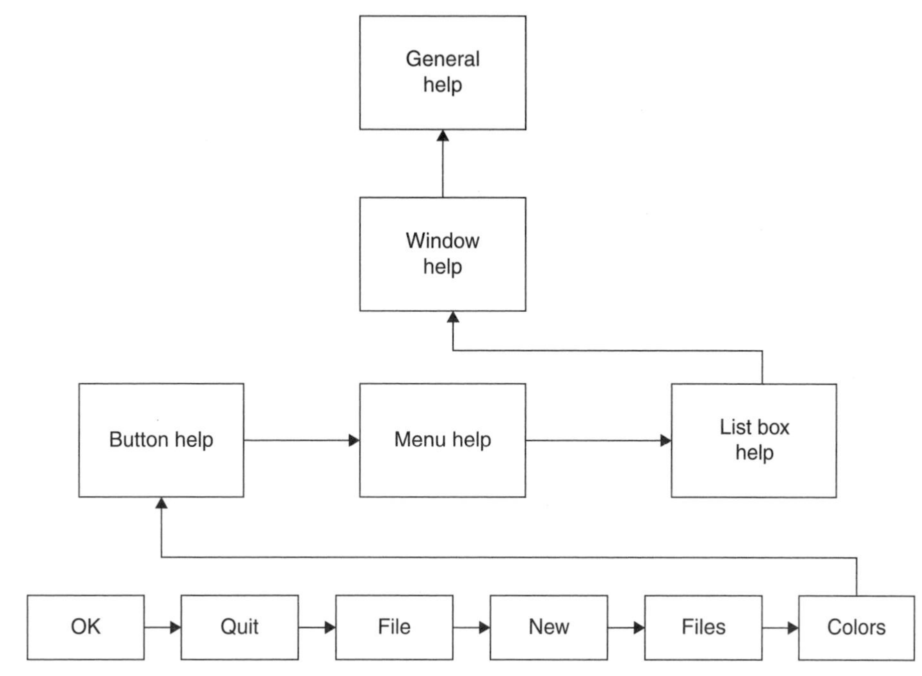

圖 20-7 責任鏈 Help 系統流程圖

請求種類

沿著責任鏈傳遞的請求或訊息，可能比我們在這些範例中方便使用的字串或事件要複雜得多。例如，訊息可能包括各種資料型態或具有多種方法的完整物件。由於鏈上的各種類別可能使用此類別請求物件的不同屬性，因此您最終可能會設計一個抽象 Request 類型和任意數量的帶有附加方法的衍生類別。

責任鏈的影響

責任鏈模式的影響包括：

1. 與其他幾種模式一樣，這種模式的主要目的是減少物件之間的耦合。物件只需要知道如何將請求轉發給其他物件。

2. 鏈中的每個物件都是自成一體的。它對其他物件一無所知，只需要決定它是否可以滿足請求。這使編寫每個物件變得非常簡單，建立鏈也十分容易。

3. 您可以決定鏈中的最終物件是否以某種預設方式處理它收到的所有請求，或者只是丟棄它們。但是，您確實需要知道哪個物件是鏈中的最後一個才能生效。

GitHub 範例程式碼

- ChainDemo.py：使用顏色和山魈的鏈範例
- HelpWindow.py：如何製作 Help 視窗的範例
- Mandrill.jpg：山魈本身

第 21 章

命令模式

責任鏈模式沿著類別鏈轉發請求，但命令模式僅將請求轉發給特定物件。它將對特定操作的請求封裝在物件內，並為其提供已知的公用介面。它使您能夠在不知道將要執行的實際操作中的任何內容時，讓客戶端發出請求。它還允許您更改操作，而不會以任何方式影響客戶端程式。

當然，我們已經看到了這個命令介面，正如我們在 `DButton` 類別中所使用的那樣，它包括一個在點擊按鈕時調用的 `comd` 方法。

何時使用命令模式

當您建立 Python 使用者介面時，您提供選單項、按鈕、核取方塊等以允許使用者告訴程式要做什麼。當使用者選擇這些控件之一時，程式會調用指定的函式。假設您建立了一個非常簡單的程式，使您能夠選擇選單項 File | Open 和 File | Exit，然後點擊標記為紅色的按鈕，將視窗背景變為紅色。圖 21-1 展示了這個程式。

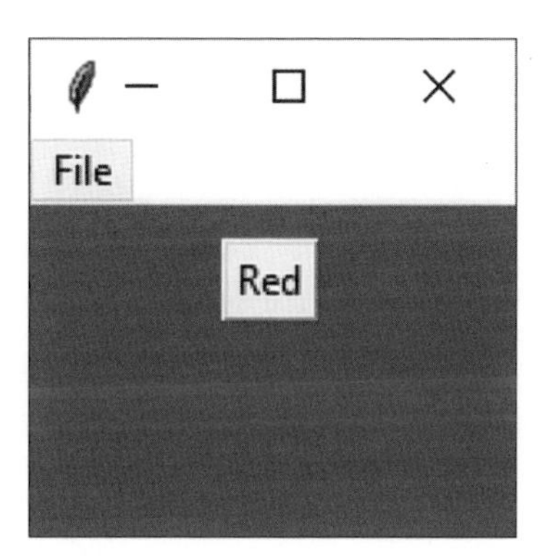

圖 21-1　命令按鈕將背景變為紅色

命令物件

確保每個物件直接接收自己命令的一種方法，是使用命令模式，並建立單獨的 Command 物件。Command 物件總是有一個 comd() 方法（或一個 execute() 方法），當該物件上發生操作時調用該方法。最簡單的是，一個 Command 物件至少實作了以下介面：

```
# 命令介面
class Command():
    def comd(self):pass
```

使用此介面的目的是簡化對點擊按鈕時調用操作的存取。在本書中，我們為此使用了 comd 方法，但其他人建議將其稱為 execute 方法。正如您稍後會看到的，我們將同時使用兩者。

如果我們可以為執行所需操作的每個物件調用 execute 或 comd 方法，我們就可以知道在它所屬的物件內部要做什麼，而不是讓程式的另一部分做出這些決定。

命令模式的一個重要目的是使程式和使用者介面物件與它們啟動的操作完全分離。換句話說，這些程式物件應該彼此分開，並且不必知道其他物件是如何工作的。使用者介面接收命令，並告訴 Command 物件執行它被指示執行的任務。

UI 不需要也不應該知道將執行哪些任務。這將 UI 類別與特定命令的執行解耦，從而可以在不更改包含使用者介面類別的情況下修改或完全更改操作程式碼。

當您需要告訴程式在資源可用時執行命令而不是立即執行時，也可以使用 Command 物件。在這種情況下，您正在**排隊**等待稍後執行的命令。最後，您可以使用 Command 物件來記住操作，以便您可以支援 Undo 請求。

鍵盤範例

在前面的範例中，我們有一個選單項和一個可以選擇的按鈕。但在所有情況下，使用者介面都是相同的：調用 comd 方法，它會執行您想要的功能，例如更改顏色或打開檔案。

儘管這在 tkinter 等帶有圖形使用者介面的程式中很常見，但它實際上並不限於圖形物件。例如，您可以啟動一個基於控制台的程式，透過按鍵選擇一個物件，然後讓它以同樣的方式調用一個 comd 方法。

如果想使用單一字元啟動命令，這可能會有所幫助。您可能熟悉從控制台取得字元的 Python input；您還可以使用鍵盤函式庫，以幾乎相同的方式接收和處理單一字元。您可以使用 pip 輕鬆安裝此函式庫：

```
pip install keyboard
```

您可以按照文件中的說明使用該函式庫。鍵盤函式庫非常廣泛，但我們只會使用它的一些功能。

當然，首先要導入函式庫：

```
import keyboard
```

這個鍵盤命令系統的主要程式是：

```
# 程式從這開始
kmod = KeyModerator()   # 設定命令類別

# 等待鍵盤按下
keyboard.on_press(callback=kmod.getKey, suppress=True)

# 等待鍵，但不使用時放棄
print("Enter commands: r, b, c or q")
while True:
    time.sleep(1000)
```

KeyModerator 類別在其 getkey 方法中接收所有關鍵事件。因為這個程式一直在監控鍵盤，所以我們不得不把時間讓給其他需要鍵盤的進程。因此，我們建立了 time.sleep(n) 方法，其中 *n* 是秒數。如果您不這樣做，其他視窗存取鍵盤會變慢。

從提示文字可以看出，四個命令分別是 r、b、c、q。它們所做的只是：

- 將文字變為紅色
- 將文字變為藍色
- 計算自開始以來經過的時間
- 退出程式

這裡的前兩個 Command 物件是紅色文字和經過時間計算。請注意，這些操作都發生在它們的 comd 方法中。

```
# 一系列的命令物件
class Ckey(Command):
    def __init__(self):
        self.start =time.time() # 啟動計時器
    def comd(self):
        self.end = time.time()
        elapsed = self.end - self.start # 計算經過的時間
        print('elapsed: ',elapsed)
        self.start = self.end # 新的起始時間

# 印出紅底綠字的訊息
class Rkey(Command)    :
    def comd(self):
        cprint('Hello, World!', 'green', 'on_red')
```

用於印出彩色文字的程式碼包含在 termcolor 函式庫中，您也可以使用 pip 安裝它。這就是早期的 cprint 方法的來源。我們引入這個函式庫只是為了使整個範例保持簡潔。

其他兩個類別如下所示：

```
# 印出黃底藍字的訊息
class Bkey(Command):
    def comd(self):
        cprint('Feeling blue', 'blue','on_yellow')

# 從程式中離開
class Qkey(Command):
    def comd(self):
        print('exiting')
        os._exit(0)
```

如果您使用鍵盤模組，則必須使用 os._exit 命令結束程式。

調用命令物件

重要的一點是所有這些小類別都是 Command 物件，並且都使用相同的 comd 方法來調用。所以我們可以設置 KeyModerator 類別來建立這些實例，並製作一個字典來決定調用哪一個實例：

```
class KeyModerator():
    def __init__(self):
        # 建立每個命令類別的實例
        self.rkey = Rkey()
        self.bkey = Bkey()
        self.qkey = Qkey()
        self.ckey = Ckey()
        self.funcs = {'r': self.rkey,
                      'b': self.bkey,
                      'q': self.qkey,
                      'c': self.ckey }
```

實際的 getkey 方法使用該字典完成所有工作：

```
def getKey(self, keyval):

    # 使用字典調用命令類別
    # 來取得正確的函式
    func = self.funcs.get(keyval.name)
    func.comd()
```

該方法在字典中尋找類別，並調用其命令物件來執行它。最終的程式輸出如圖 21-2 所示。

```
Enter commands: r,
Hello, World!
Feeling blue
qexiting
```

圖 21-2　鍵盤輸出截圖

如您所見，即使沒有圖形使用者介面，命令模式也很有用。只要有幾個類別可供選擇，其中有類似的功能，就可以使用它。

建立命令物件

有幾種方法可以為圖 21-1 中的程式建立 Command 物件，每種方法都有一些優點。我們將從最簡單的開始：從 MenuItem 和 Button 類別衍生新類別，並在每個類別中實作 Command 介面。以下是我們簡單程式的 Button 和 Menu 類別的擴展範例：

```
# Button 建立一個紅色背景
class RedButton(DButton):
    def __init__(self, root):
        super().__init__(root, text="Red")
        self.root = root
    def comd(self):
        self.root.configure(bg='red')

   //-----------------------------------------
# 離開 menu
class Exititem(Command):
    def __init__(self, fmenu):
        fmenu.add_command(label="Exit",
                          command=self.comd)
    def comd(self):
        sys.exit()
```

這當然可以讓我們簡化在 comd 方法中進行的調用，但它要求我們為要執行的每個操作，建立並實例化一個新類別。

```
# 建立 menu bar
menubar = Menu(root)
root.config(menu=menubar)

# 建立 top File menu
filemenu = Menu(menubar, tearoff=0)
menubar.add_cascade(label="File", menu=filemenu)

# 加入三個 menu items
fileitem = Openitem(filemenu)
svmn = SaveMenu(filemenu)
exititem = Exititem(filemenu)

rbutton = RedButton(root)          # 紅按鈕
```

請注意，選單和按鈕命令類別可以在主類別之外，如果您願意，甚至可以儲存在單獨的檔案中。

命令模式

現在，雖然將操作封裝在 Command 物件中是有利的，但將該物件綁定到導致該操作的元素（例如選單項或按鈕），並不是 Command 模式的確切含義。

事實上，Command 物件應該與調用客戶端分開，這樣就可以分別改變調用程式和命令操作的細節。我們不是讓命令成為選單或按鈕的一部分，而是為單獨存在的 Command 物件建立選單和按鈕類別容器。

這個簡單的介面簡單來說，就是有一種方法可以將 Command 物件放入調用物件中，並且有一種方法可以取得該物件，以調用其 Execute 方法。

命令模式的影響

命令模式的主要缺點是小類別的激增，這些小類別使主類別（如果它們是內部類別）或程式名稱空間（如果它們是外部類別）變得混亂。

即使我們將所有 comd 事件放在一個籃子中，我們通常也會調用很少的內部方法來執行實際功能。事實證明，這些內部方法與我們的小內部類別一樣長，因此內部和外部類別方法之間的複雜性通常幾乎沒有差異。

提供 Undo 函式

使用命令設計模式最有力的原因是它們提供了一種簡便的方式，來儲存和執行 Undo 功能。如果計算資源和記憶體需求不是太高，每個命令物件都可以記住它剛剛做了什麼，並在請求時恢復該狀態。在最上方，我們簡單地將 Command 介面重新定義為具有兩個方法：

```
# 命令物件介面
class Command():
    def execute(self):pass
    def undo(self):pass
```

接著我們必須設計每個命令物件來記錄它最後做了什麼，以便它可以取消它。這可能比一開始看起來要複雜一點，因為執行許多交錯的命令然後取消，可能會導致一些滯後（hysteresis）。此外，每個命令都需要儲存有關每次執行命令的足夠訊息，以便它可以知道具體必須取消什麼。

取消命令的問題實際上是一個多部分問題。第一，您必須保留已執行命令的清單。第二，每個命令都必須保留執行清單。為了說明我們如何使用命令模式來執行取消操作，我們來考慮一個程式，它在螢幕上繪製連續的紅線或藍線，使用兩個按鈕為每條線繪製一個新實例（見圖 21-3）。您可以使用 Undo 按鈕取消繪製的最後一條線。

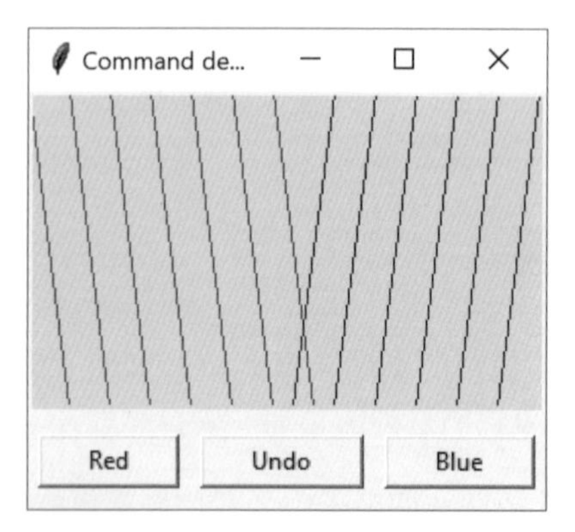

圖 21-3 顯示在畫面上的紅線和藍線

如果您多次點擊 Undo，您希望最後幾行消失，不管按鈕被點擊的順序是什麼（見圖 21-4）。

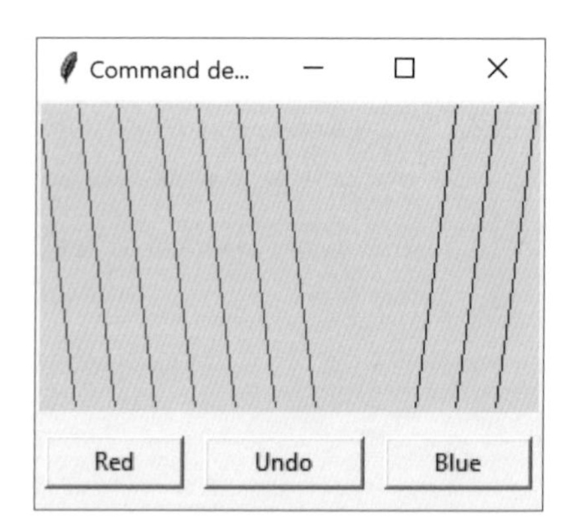

圖 21-4 取消後面幾行

在我們的設計中，我們將執行的命令清單保留為堆疊（stack），您可以添加到最後，並使用 pop 方法從最後面刪除。每個命令的 execute 方法在螢幕上繪製該單行。

底下是簡單的 Command 物件：

```
# 按鈕命令
class ButtonCommand(Command):
    def __init__(self, button, x1, y1,
                 x2, y2, color):
        self.canvas = button.getCanvas()
        self.button = button
        self.x1, self.x2 = x1, x2
        self.y1, self.y2 = y1, y2
        self.color = color

     def execute(self):
        self.canvas.create_line(self.x1,
                self.y1, self.x2, self.y2,
                        fill=self.color)
    def undo(self):
        self.button.undo()
```

CommandStack 只是這些命令的陣列。每次點擊紅色或藍色時，都會建立一個 ButtonCommand 實例，並附加到該陣列中。

```
# 由紅色和藍色按鈕產生的 CommandStack
class CommandStack():
    def __init__(self, canvas):
        self.commands = []  # commands 的 stack
        self.canvas = canvas
    # 加入一條線並畫出它
    def addDraw(self, command):
        self.commands.append(command)
        command.execute()   # 畫線

    # 重新繪製所有線
    def redraw(self):
        # 移除線
        self.canvas.delete('all')

        for comd in self.commands:
            # 重繪剩餘的
            comd.execute()


    # 從 stack 中彈出最後一條命令
    # 並傳回命令已調用它的 Undo
    def undo(self):
        comd=None
        if len(self.commands) > 0:
            comd = self.commands.pop()
            self.redraw()
        return comd
```

建立紅色和藍色按鈕

點擊任一按鈕會建立一個 ButtonCommand 物件，並推送到命令堆疊上。然後紅色按鈕將 x 前進 20 個像素，相應的藍色按鈕將 x 向左移動 20 個像素。

```
# 繪製紅色對角線並推進 X 坐標
class RedButton(DButton):
    def __init__(self, root,
                 canvas:Canvas,stack:CommandStack):
        super().__init__(root, text="Red")
        self.root = root
        self.canvas=canvas
        self.stack = stack
        self.x = self.y = 0

# 建立一個 stack 上的 button command，並繪製它
    def execute(self):
        bcomd = ButtonCommand(self,
                self.x,self.y,
                self.x+20,self.y+150,'red')
        self.x += 20            # 移動紅的到右邊
        self.stack.addDraw(bcomd) # push 它並繪製

    # 回傳畫布
    def getCanvas(self):
        return self.canvas

    # 重設 x 座標後退一行
    def undo(self):
        self.x -= 20
```

取消線條

Undo 按鈕只是從清單中刪除最後一個命令，然後重新繪製剩餘的線。它還調用 Button 的 undo 方法，將 x 向後移動 20 個像素，以便線座標為下一個繪圖命令做好準備。

```
# Undo button pops stack 外的一個命令
# 並且調用它的 Undo
class UndoButton(DButton):
    def __init__(self, root, stack:CommandStack):
        super().__init__(root, text="Undo")
        self.root = root
```

```
        self.stack = stack
    def execute(self):
        comd = self.stack.undo() # 移除最後的命令
        if comd != None:
            comd.undo()      # 取消 X 座標
```

總結

我們已經在第 2 章「Python 中的視覺化程式設計」中看到了 Command 介面，並在 DButton 衍生類別和 Menu 衍生類別中使用了它。這使得所有這些物件都符合 Command 介面。

然而，我們在這裡介紹的命令模式引入了命令物件，它們實際上為按鈕和選單完成工作，並且在 CommandStack 的幫助下，提供了一種簡單的方法來取消命令。

參考

1. https://github.com/boppreh/keyboard#keyboard
2. https://pypi.org/project/termcolor/

GitHub 範例程式碼

- keyboardCommand.py：使用鍵盤的命令
- RedCommand.py：選單和紅色按鈕
- UndoDemo.py：繪製和取消紅線和藍線

第 22 章

解譯器模式

一些程式受益於擁有一種語言來描述它們可以執行的操作。解譯器模式通常描述為該語言定義語法，並使用該語法來解釋該語言中的語句。

何時使用解譯器

當一個程式呈現出許多它可以處理的不同但有些相似的情況時，使用一種簡單的語言來描述這些情況，然後讓程式來解釋該語言可能是有利的。這種情況可以像許多辦公套件程式提供的巨集語言記錄工具一樣簡單，也可以像 Microsoft Office 中的 VBA 一樣複雜。

我們必須處理的問題之一是如何識別一種語言何時有用。巨集語言記錄器僅記錄選單和擊鍵操作以供以後播放，並且幾乎不符合語言條件；它實際上可能沒有書面形式或語法。另一方面，諸如 VBA 之類的語言非常複雜，並且經常超出單一應用程式開發人員的能力範圍。此外，嵌入諸如 VBA 之類的商業語言，可能需要大量的許可費用，這使得它們對除了最大的開發人員之外的所有人都沒有吸引力。

模式有用的地方

識別解譯器可以提供幫助的情況是很大的問題，沒有經過正式語言 / 編譯器培訓的程式設計師經常忽略這種方法。這樣的案例數量不多，但語言適用的地方一般有以下三個：

1. 當您需要命令解譯器來解析使用者命令時。使用者可以鍵入各種查詢，並獲得各種答案。

2. 當程式必須解析代數字串時。這個案例相當明顯。該程式被要求根據使用者輸入某種方程式的計算來執行操作。這經常發生在數學圖形程式中，程式根據它可以評估的任何方程來渲染曲線或曲面。嵌入在 Python 中的 Mathematica 和繪圖包等程式就是這樣工作的。

3. 當程式必須產生不同種類的輸出時。這種情況不太明顯，但更有用。考慮一個可以以任何順序顯示資料行，並以各種方式對它們進行排序的程式。這些程式通常被稱為報告產生器。儘管底層資料可能儲存在關係資料庫中，但報表程式的使用者介面通常比您在第 16 章「門面模式」中看到的 SQL 語言簡單得多。事實上，在某些情況下，簡單的報表語言可能會被報表程式解釋並翻譯成 SQL。

一個簡單的報告範例

考慮一個簡化的報告產生器，它可以對表中的五行資料進行操作，並傳回關於這些資料的各種報告。假設您從熟悉的游泳比賽資料中得到以下結果：

```
Amanda McCarthy         12  WCA     29.28
Jamie Falco             12  HNHS    29.80
Meaghan O'Donnell       12  EDST    30.00
Greer Gibbs             12  CDEV    30.04
Rhiannon Jeffrey        11  WYW     30.04
Sophie Connolly         12  WAC     30.05
Dana Helyer             12  ARAC    30.18
```

其中五個欄位是 `frname`、`lname`、`age`、`club` 和 `time`。如果我們考慮 51 名游泳運動員的完整比賽結果，我們會意識到按俱樂部、姓氏或年齡對這些結果進行排序可能會很方便。由於我們可以從這些資料中產生許多有用的報告，其中欄位的順序和排序發生了變化；使用語言是處理這些報告的一種好方法。

在這裡，我們定義了一個非常簡單的非遞迴文法：

```
Print lname frname club time Sortby time Thenby club
```

出於本範例的目的，我們定義了前面顯示的三個動詞：

```
Print
Sortby
Thenby
```

這些是前面列出的五個欄位名稱：

```
Frname
Lname
Age
Club
Time
```

為方便起見，我們假設該語言不區分大小寫。另請注意，這種語言的簡單語法是無標點符號的，簡而言之：

Print var[var] [sortby var [thenby var]]

最後，只使用了一個主要動詞，雖然每個語句都是一個聲明，但這個語法中沒有賦值語句或計算能力。

解釋語言

解釋語言分三個步驟進行：

1. 將語言符號解析成 token
2. 將 token 化為行動
3. 執行動作

我們透過使用字串的 `split` 方法，將字串分成標記來解析這種簡單的語言，然後建立包含它們的 `Variable` 和 `Verb` 物件，並將它們放入堆疊中。

解析後，您的堆疊可能如下所示：

Type	Token	
Var	Club	<-top of stack
Verb	Thenby	
Var	Time	
Verb	Sortby	
Var	Time	
Var	Club	
Var	Frname	
verb	Lname	

然而，我們很快意識到動詞 Thenby 除了澄清之外沒有真正的意義，我們更有可能解析標記，並完全跳過 Thenby 詞。那麼，初始的堆疊如下所示：

```
Club
Time
Sortby
Time
Club
Frname
Lname
Print
```

接著我們可以透過將變數名複製到下一個變數的陣列中來減少堆疊。它像這樣一步一步地下降：

Time [Club] Sortby Time Club Frname Lname Print	Sortby [Time, Club] Time Club Frname Lname Print

然後對兩個參數 Time 和 Club 執行 SortBy 動詞，並從堆疊中刪除。以類似的方式減少和複製四個變數。

Time Club Frname Lname Print	Club [Time] Frname Lname Print	Frname[Club, Time] Lname Print	Lname[Frname, Club, Time] Print

最後，動詞 Print 包含所有參數：

```
Print [Lname, Frname, Club, Time]
```

當它被執行時，它為每個欄位產生字串，並將它們添加到一個清單中，該清單傳遞給 Interp 命令，以顯示在 listbox 中。

語法分析的工作原理

語法分析包括將要解釋的字串分離為單一單詞標記，然後從中建立 Variable 和 Verb 物件。我們可以使用 Python 集合表示，來查看標記是否是合法變數或動詞的成員。

```
class Parser():
    verbs= {"print", "sortby"}
    variables = {"lname", "frname", "club",
                 "time", "age"}
```

接著將命令行拆分為標記：

```
tokens = commands.split()
```

然後我們使用 set in 運算子建立 Verb 或 Variable 物件，來決定每個標記屬於哪個類別。最後我們將每個物件添加（push）到堆疊中。

```
for tok in tokens:
    if tok.lower() in Parser.verbs:     # 是一個動詞
        self.stack.append(Verb(tok,
                        self.swmrs, bldr))

     # 或是一個變數
     if tok.lower() in Parser.variables:
        self.stack.append(Variable(tok))
```

變數（Variable）和**動詞類別（Verb Class）**非常相似。每個都包含一個在物件組合時累積的令牌（token）清單。

```
class Variable():
    def __init__(self,varname):
        self.varlist = []
        self.varlist.append(varname)

# 附加前一個 token 中的所有變數
    def append(self,var:Variable):
        vlist = var.getList()
        for v in vlist:
            self.varlist.append(v)

    def getList(self):
        return self.varlist
```

Verb 類別非常相似，除了它還包含一個 comd 方法，也可以建立一個 Command 物件。當所有標記都添加到該動詞時，會執行此命令，然後對它們進行操作，執行排序或印出命令。這很簡單，因為只有兩個可能的動詞：

```
def comd(self):
    # 使用一個欄位排序
    if self.getName().lower() == "sortby":
        sorter = Sorter(self.swmrs)
        self.varlist.pop(0)    # 移除 sortby
        for v in self.varlist: # 多重排序
            sorter.sortby(v)

    # 產生一個要顯示的行清單
    if self.varname.lower() == "print":
        self.varlist.pop(0)  # 移除 print
        pres = Printres( self.varlist, self.bldr)
        plist = pres.create(self.swmrs)
```

使用 attrgetter() 排序

這裡的問題是關鍵字變數是 Swimmer 類別中的欄位名稱：frname、age、time 等等。但是我們如何獲得每個游泳者的這些欄位的值呢？

Python 為此提供了 attrgetter 運算子。假設我們想知道一個欄位的值，但在編碼時不知道它會是哪一個。我們可以使用此運算子建立一個函式來取得任何欄位的內容，假設它沒有使用前底線設為半私有。

```
def sortby(self, vname):
    # 對一個欄位使用氣泡排序法
    f = attrgetter(vname) # 存取欄位的函式
```

接著函式 f 傳回具有該名稱的欄位的內容。所以如果我們寫：

```
f = attrgetter("frname")
```

然後以下語句傳回 sw.frname 的內容：

```
name = f(sw)
```

我們在這裡的氣泡排序中使用它：

```
f = attrgetter(vname) # 存取欄位的函式
for i in range(0, len(self.swmrs)):
    for j in range(i, len(self.swmrs)):
```

```
        if f(self.swmrs[i]) > f(self.swmrs[j]):
            temp=self.swmrs[i]
            self.swmrs[i] =self.swmrs[j]
            self.swmrs[j] = temp
```

Print 動詞

我們在執行 Print 動詞時，也使用 attrgetter 運算子。在這裡，我們必須產生這些函式的陣列：每個要印出的變數一個。

```
# 建立從 Swimmer 獲取的函數清單
for v in varlist:
    self.functions.append(attrgetter(v))
```

然後我們用這個陣列來為每個游泳者建立結果字串。

```
for sw in swmrs:
    sline=""
    for f in self.functions:  # 遍歷函式
        sline += str(f(sw)) +"    " # 和游泳者
    self.printList.append(sline)   # 存在 List 中
```

控制台介面

您可以從命令行執行整個程式，因為您必須輸入字串，才能對其進行解釋。調用程式碼只是 Builder 類別。

```
# 建立所需的類別並讀入檔案
class Builder():
    def __init__(self):
        self.plist = []
    def setPlist(self, pl):
        self.plist = pl
    def getPlist(self):
        return self.plist
    def build(self):
        swmrs = Swimmers("100free.txt")

        commands = ""
        while commands != 'q':
            commands = input('Enter command: \n')
```

```
        interp = Interp(self)
        interp.comd(commands)
        # 結果會在 self.plist 中傳回
                # 印出它
        for p in self.plist:
            print(p)
```

您可以在這裡看到一些輸出：

```
Enter command:
Print lname frname club time Sortby time Thenby club
Slater   Emily   BRS   57.26
Amendola   Alesha   BRS   57.34
McLellan   Ashley   CDEV   56.85
Fiore   Stephanie   CDEV   58.14
Schwartz   Robyn   CDEV   59.02
Gibbs   Greer   CDEV   59.04
```

使用者介面

或者，您可以製作一個小的輸入欄位和基於 listbox 的使用者介面。它做的事情相同，只是它把結果填入 listbox，而不是直接印出來。

您可以透過再次按下 Interp 按鈕來更改命令字串，並立即查看結果（參見圖 22-1）。

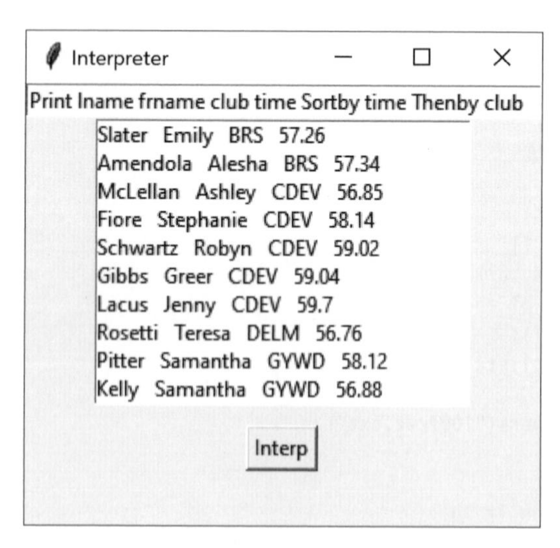

圖 22-1 解譯器 demo

解譯器模式的影響

每當您將解譯器引入程式時，您都需要為程式使用者提供一種以該語言輸入命令的簡單方法。它可以像巨集記錄按鈕一樣簡單，也可以是可編輯的文字欄位，例如上一個程式中的文字欄位。

然而，引入一種語言及其附帶的語法，也需要對拼寫錯誤的術語或錯位的語法元素進行相當廣泛的錯誤檢查。除非某些模板程式碼可用於實現這種檢查，否則很容易消耗大量的程式設計工作。此外，通知使用者這些錯誤的有效方法，並不容易設計和實施。

在解譯器範例中，唯一的錯誤處理是無法識別的關鍵字不會轉換為變數並 push 進堆疊。因此，什麼都不會發生，因為可能無法成功解析產生的堆疊序列——或者，如果可以，則不會包含由拼寫錯誤的關鍵字表示的項目。

您還可以考慮從單選和命令按鈕和 listbox 的使用者介面自動產生語言。雖然看起來擁有這樣的介面完全降低了語言的必要性，但序列和計算的相同要求仍然適用。當您需要一種方法來指定順序操作的順序時，語言是一種很好的方法，即使該語言是從使用者介面產生的。

解譯器模式提供了在建立通用解析和縮減工具之後，容易擴展或修改語法的優勢。一旦建立了基礎，您還可以快速簡單的添加新的動詞或變數。

事實上，當我們意識到需要為 Age 添加關鍵字時，我們已經對這個程式進行了全面測試。我們唯一要做的更改是在變數集中添加「年齡」，程式便能完美執行。

最後，隨著語法的語法變得更加複雜，您有可能會建立難以維護的程式。這大致是使用解譯器的上限。

儘管解譯器在解決一般程式設計問題中並不常見，但我們接下來要介紹的疊代器模式，是您將使用的最常見的模式之一。

GitHub 範例程式碼

在所有這些範例中，請確保將資料檔 (100free.txt) 包含在與 Python 檔案相同的資料夾中，並確保檔案是 Vscode 或 PyCharm 中專案的一部分。

- InterpretConsole.py：控制台版本
- Interpreter.py：完整的程式
- 100free.txt：游泳者資料集

第 23 章

疊代器模式

疊代器模式是最簡單和最常用的設計模式之一。它使您能夠使用標準介面在資料清單或資料集合中移動，而無須了解該資料的內部表示的詳細訊息。此外您可以定義特殊的疊代器來執行一些特殊的處理，並只傳回指定的元素資料集合。

為什麼要使用疊代器

疊代器提供了一種定義的方式，來移動一組資料元素，而不會暴露類別內部發生的事情。因為疊代器是一個介面，所以您可以以任何方便您傳回的資料的方式實作它。《設計模式》建議適合疊代器的介面如下所示：

```
class Iterator
    def first(): pass
    def next(): pass
    def isDone(): pass
    def currentItem(): pass
```

您可以移動到清單最上方，在清單中移動，查看是否還有更多元素，並找到當前清單項。該介面易於實作，具有一定的優勢，但 Python 中選擇的疊代器是簡單的二方法疊代器：

```
def iter(): pass
def next(): pass
```

一開始可能會覺得無法移動到清單最上方的方法有點限制，但在 Python 中這不是一個嚴重的問題，因為通常每次要在清單中移動時，都會取得一個疊代器的新實例。

Python 中的疊代器

我們已經在本書中看到了 Python 中的疊代器。For 迴圈在幕後始終是一個疊代器，在這裡用於遍歷一個清單。

```
# 遍歷一個陣列
people = ["Fred", "Mary", "Sam"]
for p in people:
    print (p)
```

當然，這會產生以下結果：

```
Fred
Mary
Sam
```

您還可以遍歷集合、元組、字典甚至檔案。所有這些都稱為可疊代集合，您可以從它們中取得疊代器，就像上面的 for 關鍵字一樣。

斐波那契疊代器

假設您想要建立一個可以疊代的類別，它不是這些內建的可疊代類型之一。要建立一個可疊代的類別，它必須具有以下方法：

```
__init__()
__iter__()
__next__()
```

這些方法被雙底線包夾，因此它們有時候被稱為雙底線方法。

`__init__()` 是可選的，但 `__iter__()` 必須傳回一個疊代器，通常是 self。你可以透過引發 StopIteration 例外終止疊代器。在這種情況下，當傳回值超過 1000 時會發生這種情況。當然，如果您願意，可以在 `__init__` 方法中進行調整。

```
class FiboIter():
    def __init__(self):
        self.current = 0     # 初始化變數
        self.prev = 1
        self.secondLast = 0

    def __iter__(self):
```

```
        return self                 # 必須傳回疊代器

    # 每個疊代器計算一個新值
    def __next__(self):
        if self.current < 1000:    # 在 1000 停止
            # 複製 n-1st
            self.secondLast = self.prev
            self.prev = self.current # 複製 nth to p

            # 計算下一個 x 為前兩個 x 之和
            self.current = self.prev
                        + self.secondLast
            return self.current
        else:
            raise StopIteration
```

要建立和調用疊代器，您需要建立一個實例並調用它，直到它超過 1000。

```
fbi = FiboIter()     # 建立疊代器

# 印出數值，直到超過 1000
for val in fbi:
    print(val, end=" ")
print("\n")
```

取得疊代器

您可以使用 iter() 函式取得實際的疊代器本身，然後使用 next() 取得每個連續值。如果您不能使用 for 為您執行疊代，這將非常有用。

```
val = 0
fbi = FiboIter()
fbit = iter(fbi)

while val<1000:
    val = next(fbit)
    print(val, end=" ")
```

在這兩種情況下，程式都會印出以下內容：

```
1 1 2 3 5 8 13 21 34 55 89 144 233 377 610 987 1597
```

您還可以使用疊代器來提取陣列的元素，以儲存在其他位置：

```
# 疊代以獲取元素並儲存
person = ["Fred", "Smith", "80901210"]
pIter = iter(person)

frname = next(pIter)
lname = next(pIter)
serial = next(pIter)
print(frname, lname, serial)
```

過濾的疊代器

過濾的疊代器僅傳回滿足某些特定條件的值。例如，您可以傳回以某種特定方式排序的資料，或者只傳回那些匹配特定條件的物件。

例如，假設我們只想列舉那些屬於某個俱樂部的游泳者。這很簡單：只要在傳回每個名字之前檢查俱樂部會員資格。我們建立一個疊代器，它的 __init__ 方法接受游泳者清單和要過濾的俱樂部名稱。

```
# 過濾後的疊代器只傳回一個俱樂部的成員
class SwmrIter():
    def __init__(self, club, swmrs):
        self.club = club
        self.swmrs = swmrs

    def __iter__(self):
        self.index = 0
        return self

    # 下一個操作傳回清單中
    # 有俱樂部會員資格的游泳者
    # 當 index 超過清單最後面時
    # 用 StopIteration 終止它
    def __next__(self):
        found = False
        while not found and \
                self.index < len(self.swmrs):
            swm = self.swmrs[self.index]
            if swm.club == self.club:
                found = True
                self.index += 1
                return swm.getName()
```

```
        else:
            self.index += 1
            found = False
    raise StopIteration
```

所有工作都在 next() 方法中完成，該方法遍歷集合中的另一個游泳者，該游泳者屬於建構子中指定的俱樂部，並將該游泳者保存在 swm 變數中或設置為 null。接著 next() 傳回真或假。當程式碼用完清單中的游泳者時，它會引發 StopIteration 例外。

圖 23-1 為一個簡單的程式，左側顯示所有游泳者，並在右上方的 Combobox 中填入俱樂部清單，然後允許使用者選擇俱樂部；該程式在右下方的 Listbox 中填入屬於同一個俱樂部的游泳者。

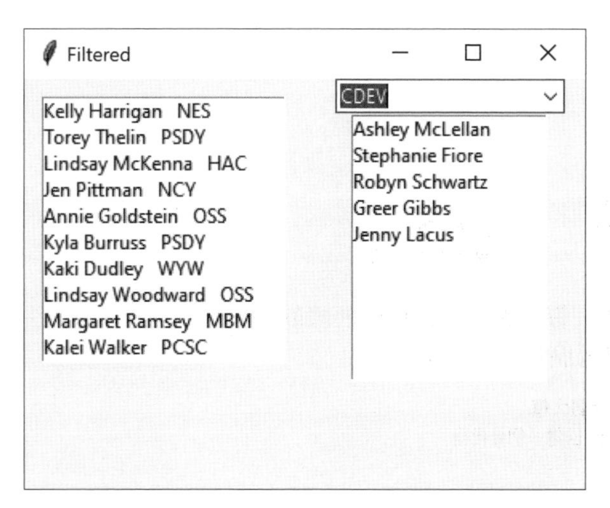

圖 23-1 過濾後的疊代器顯示畫面

有趣的是，我們不需要所有俱樂部的清單。我們可以透過將俱樂部名稱添加到一個空集來建立一個，將該集合複製到清單中並進行排序。

```
# 建立一個俱樂部名稱集合
# 用集合清除重複的東西
self.clubs = set()
for sw in self.swimmers:
    self.clubs.add(sw.club)
```

疊代器產生器（generator）

這些方法效果很好，但您也可以使用 Python 產生器來建立疊代器。儘管產生器描述了這種方法，但重要的新概念是 yield 關鍵字。產生器是傳回疊代器的函式，可用於遍歷一系列值。

Python 添加產生器的動機之一，是提供一種方法來遍歷可能不適合可用記憶體的非常大的資料集。PEP-255 文件對此進行了詳細描述。

建立產生器函式的主要區別在於，它不是使用 return 語句傳回資料，而是使用 yield 傳回資料。當您使用 yield 時，函式和它的所有內部變數保持活動狀態，並且函式在使用 yield 傳回該值後恢復。

我們考慮一個非常簡單的例子來說明這一點。假設我們需要編寫一個函式來對一系列序列數求平方。

```
def sqrit(max=0):
    n = 0
    while n < max:
        yield n*n        # 回傳每個結果
        n += 1           # 程式碼在此恢復
```

此函式從零開始，每次調用時都傳回連續的平方。調用程式碼調用此函式一次並取得疊代器，然後遍歷數字清單：

```
# 調用 sqrit 並疊代至最大值
sq = sqrit(10)  # 回傳一個疊代器
for s in sq:
    print(s)
```

如果普通函式 sqrit 包含一個 yield 語句而不是 return 語句，它就會成為一個產生器。如您所見，該函式傳回一個疊代器，無須編寫任何煩人的方法程式碼。

斐波那契疊代器

讓我們編寫一個稍微高級一點的疊代器來傳回斐波那契數列的值，看看這個疊代器有多簡單。

這是我們的產生器函式：

```
def fibo(max=0):
    current, prev = 0, 1     # 初始化變數

    while current < max:     # 但在最大值停下
        secondLast, prev = prev, current

        # 計算下一個 x 為前兩個 x 之和
        current = prev + secondLast
        yield current        # 回傳下一個值到序列中
```

調用常式幾乎相同：

```
fb = fibo(100)
for f in fb:
    print(f, end=', ')
```

結果如您所料：

```
1, 1, 2, 3, 5, 8, 13, 21, 34, 55, 89, 144,
```

類別中的產生器

當然，沒有理由不能建立包含產生器的類別。這種方法繞過了似乎不屬於任何人的雜散函式的尷尬。如果類別中的方法包含 `yield` 語句，則該方法將成為疊代器產生器。

您還可以使用 Python itertools 包建立相當複雜的疊代器。儘管所有這些疊代器都可以直接用 Python 編寫，但 itertools 函式庫可以顯著提高執行速度。

疊代器模式的影響

疊代器模式的影響包括：

1. 資料修改。疊代器可能提出的最重要的問題，是在資料被更改時疊代資料的問題。如果您的程式碼範圍很廣並且只是偶爾移動到下一個元素，則可能會添加一個元素、或在您移動時從基礎集合中刪除。另一個執行緒也可能會更改集合。這個問題沒有簡單的答案。您可以透過將迴圈聲明為同步，來使枚舉符合執行

緒安全（thread-safe），但是如果您想使用疊代器在迴圈中移動並刪除某些項目，則必須小心其影響。刪除或添加元素可能意味著特定元素被跳過或存取兩次，具體取決於使用的儲存機制。

2. **特權存取**。疊代器類別可能需要對原始集合類別的底層資料結構進行某種特權存取，以便它們可以在資料中移動。如果資料儲存在 List 中，這很容易實作，但如果資料儲存在類別中包含的其他集合結構中，則可能需要透過 `get` 操作使該結構可用。或者可以將疊代器設為衍生類別的包含類別，並直接存取資料。

3. **外部與內部疊代器**。《設計模式》一書描述了兩種類型的疊代器：外部疊代器和內部疊代器。到目前為止，我們只談到了外部疊代器。內部疊代器是在整個集合中移動的方法，直接對每個元素執行一些操作，而無須使用者提出任何特定請求。這些在 Python 中不太常見，但您可以想像將資料值集合規範化為介於 0 和 1 之間，或將所有字串轉換為特定情況的方法。一般來說，外部疊代器給您更多的控制權，因為調用程式直接存取每個元素，並且可以決定是否執行一個操作。

組合和疊代器

疊代器也是在組合結構中移動的絕佳方式。在我們在上一章中開發的員工層次結構的組合中，每個員工都包含一個清單，其疊代器允許您繼續沿該鏈進行枚舉。如果該員工沒有下屬，則無須疊代。

GitHub 範例程式碼

- 簡單的疊代範例 .py：簡單範例
- Fiboiter.py：取得斐波那契數列的下一個成員的疊代器
- FilteredIter.py：遍歷游泳者清單，僅傳回所選俱樂部中的游泳者
- Fibogen.py：疊代器的產生器版本
- Fiboclass.py：類別中的產生器
- 100free.txt：FilteredIter 使用的資料檔案

第 24 章

中介者模式

當一個程式由多個類別組成時，邏輯和計算在這些類別之間進行劃分。然而，隨著在程式中開發更多這些孤立的類別，這些類別之間的通信問題變得更加複雜。每個類別越需要了解另一個類別的方法，類別結構就會變得越複雜，這使得程式更難閱讀和維護。此外，更改程式可能會變得困難，因為任何更改都可能影響其他幾個類別中的程式碼。

中介者模式透過促進類別之間更鬆散的耦合來解決這個問題。中介者透過成為唯一一個詳細了解許多其他類別的方法的類別來實現這一點。當發生變化時，類別將訊息發送給中介者，中介者將它們傳遞給需要通知的任何其他類別。

我們發現在視覺化程式設計中，除了命令模式和工廠模式外，中介者是我們使用最多的模式。你可能也會這樣用！

範例系統

考慮一個具有幾個按鈕、兩個 listbox 和一個文字輸入欄位的程式（見圖 24-1）。

當程式啟動時，複製和清除按鈕被禁用。

1. 當您在左側 listbox 中選擇一個名稱時，它會被複製到文字欄位中進行編輯，並啟用「Copy」按鈕。
2. 當您點擊 Copy 時，該文字將添加到右側的 listbox 中，並啟用清除按鈕（參見圖 24-1）。

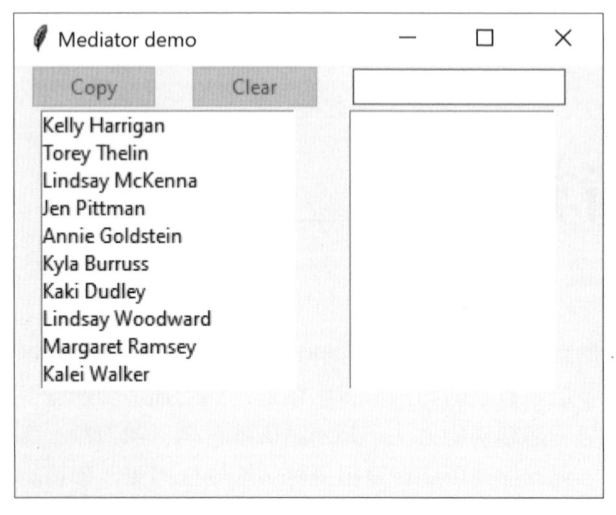

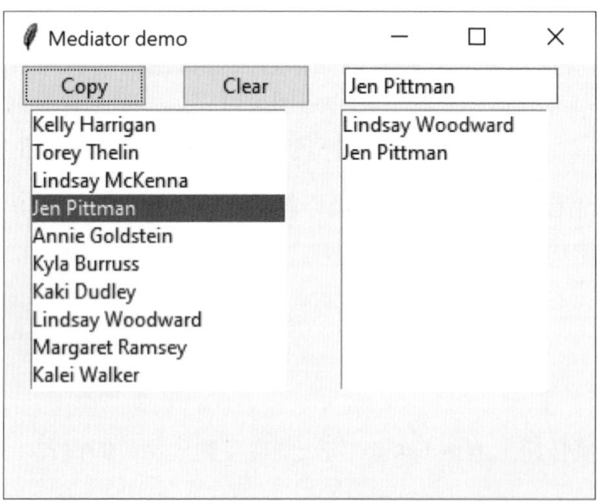

圖 24-1 demo 中介者模式的 UI

如果點擊 Clear 按鈕，最右邊的 listbox 和文字欄位將被清除，listbox 被取消選擇，並且這兩個按鈕再次被禁用。

諸如此類的使用者介面，通常用於從較長的清單中選擇人員或產品清單。它們通常比這更複雜，包括插入、刪除和取消操作。

控件之間的互動

視覺控件之間的互動非常複雜，即使在這個簡單的範例中也是如此。每個視覺物件都需要知道兩個或多個其他物件，從而導致一個錯綜複雜的關係圖（見圖 24-2）。

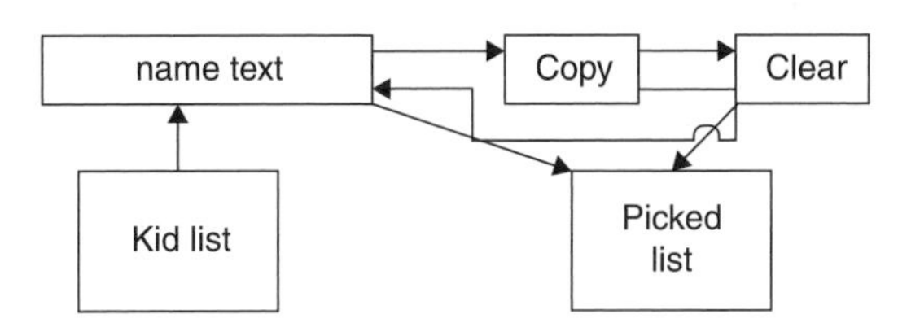

圖 24-2　沒有中介者的控件之間的糾纏互動

中介者模式透過成為唯一知道系統中其他類別狀態的類別來簡化這個系統。中介者與之通信的每個控件都稱為同事（colleague）。每個同事收到使用者事件後都會通知中介者，中介者決定應該通知哪些類別這個事件。圖 24-3 說明了這種更簡單的互動方案。

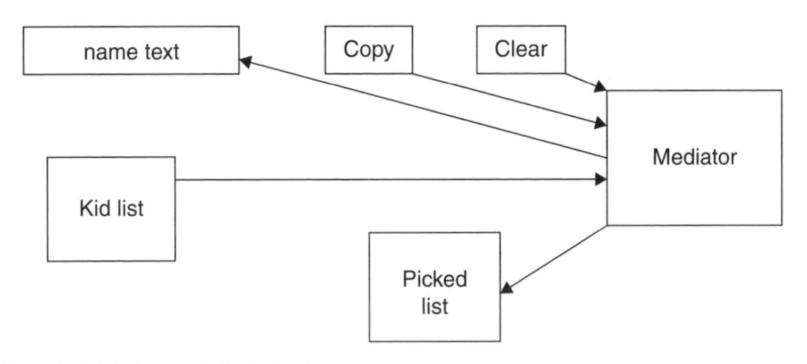

圖 24-3　使用中介者的更簡單互動方案

使用中介者的優勢很明顯：它是唯一知道其他類別的類別，因此如果其他類別之一發生更改或添加其他介面控制類別，只有中介者需要被修改。

範例程式碼

我們來詳細考慮這個程式，並決定如何建立每個控件。使用 Mediator 類別編寫程式的主要區別在於每個類別都需要知道 Mediator 的存在。先建立 Mediator 的實例，然後將 Mediator 的實例傳遞給其建構子中的每個類別。

```
self.swlist = Listbox(root, width=25) # 游泳者清單
slist = self.swmrs.getSwimmers()
med = Mediator(slist)         # 建立中介者
med.setSwlist(self.swlist)  # 在 list box 中傳遞

# 右邊的 list box 由 Copy button 填入
self.sublist = Listbox(root)
med.setSublist(self.sublist)

# 按鈕和欄位都在 frame 裡面
frame =Frame(root)
frame.grid(row=0, columnspan=2)

# 複製按鈕
copyb = CopyButton(frame, med)
copyb.pack(side=LEFT, padx=10)
med.setCopyButton(copyb)

# 清除按鈕
clearb = ClearButton(frame, med)
clearb.pack(side=LEFT, padx=10)
med.setClearButton(clearb)

# 輸入欄位
entryf=Entry(frame)
med.setEntryfield(entryf)
entryf.pack(side=LEFT, padx=10)
```

這兩個按鈕使用 Command 介面，並在初始化期間向 Mediator 註冊。它們的命令事件告訴中介者執行它們的工作：

```
class CopyButton(DButton):
    def __init__(self, root, med:Mediator):
        super().__init__(root, text="Copy")
        self.med = med
        self.med.setCopyButton(self)
```

```
    def comd(self):
        self.med.copyClick()
```

（清除按鈕的作用類似。）

Swimmer 姓名清單基於最後兩個範例中使用的清單，但經過擴充，清單的資料加載發生在 Mediator 中。建立器程式註冊清單點擊以在發生時調用 Mediator。

```
# 連接點擊事件到 Mediator
self.swlist.bind('<<ListboxSelect>>', med.listClicked)
```

文字欄位更簡單：它只是向中介者註冊自己。然後，當點擊按鈕時，中介者會加載並清除文字欄位。

當您點擊 listbox 以選擇名稱時，Mediator 取得名稱，複製到輸入欄位中，並啟用 Copy 按鈕：

```
def listClicked(self,evt):
    self.copyb.enable()

# 從 list box 取得選擇的名稱
    nm =self.swlist.get(self.swlist.curselection())
    self.entryf.delete(0, END)  # 清空輸入欄位
    self.entryf.insert(END, nm) # 輸入新的名稱
```

當您點擊 Copy 按鈕時，Mediator 會將 Entry 欄位中的文字複製到右側清單中，並啟用 Clear 按鈕：

```
# copy button 已被點擊
def copyClick(self):
    nm = self.entryf.get()  # 輸入到右邊的清單
    self.sublist.insert(END, nm)
    self.clearb.enable()    # 啟用清除按鈕
```

當您點擊清除按鈕時，它會清空右側清單，清除輸入欄位，取消選擇左側 listbox 中的任何物件，並禁用兩個按鈕：

```
def clearClick(self):
    self.sublist.delete(0, END)
    self.entryf.delete(0, END)
    self.copyb.disable()
    self.clearb.disable()
    self.swlist.select_clear(0, END)
```

如您所見，Mediator 類別透過將所有互動本地化到單一類別中來簡化程式碼。

中介和命令物件

該程式中的兩個按鈕是命令物件。正如我們前面提到的，這使得處理按鈕點擊事件變得簡單。例如，Copy 按鈕有一個調用 Mediator 中方法的 comd 方法：

```
def comd(self):
    self.med.copyClick()
```

且 Clear 按鈕具有類似的 comd 方法：

```
def comd(self):
    self.med.clearClick()
```

無論哪種情況，這都代表了第 21 章「命令模式」中提到的一個問題的解決方案：在該章中，每個按鈕都需要了解許多其他使用者介面類別，才能執行命令。在這裡，我們將該知識委託給 Mediator，如此一來，命令按鈕便不需要了解其他視覺化物件的方法。

中介者模式的影響

中介者模式的影響包括：

1. 當一個類別中的動作需要反映在另一個類別狀態中時，中介者模式可以防止類別陷入糾纏。
2. 使用中介者可以很容易地改變程式的行為。對於多種更改，您可以僅更改中介者或將其子類化，而使程式的其餘部分保持不變。
3. 您可以添加新控件或其他類別，而無須更改除中介者之外的任何內容。
4. 中介者解決了每個命令物件需要過多了解使用者介面其餘部分的物件和方法的問題。
5. 中介者可以成為「父類別」，對程式的其餘部分了解太多。這會使更改和維護變得困難。有時，您可以透過將更多功能放入單一類別而不是中介者中來改善這種情況。每個物件都應該執行自己的任務，中介者應該只管理物件之間的互動。

6. 每個中介者都是一個自定義編寫的類別，它有每個同事可以調用的方法，並且知道每個同事有哪些方法可用。這使得在不同專案中重複使用中介者程式碼變得困難。另一方面，大多數中介者都非常簡單，編寫此程式碼比以任何其他方式管理複雜的物件互動要容易得多。

中介者不限於在視覺化介面程式中使用，但這是它們最常見的應用。每當您面臨多個物件之間複雜的相互通信問題時，您都可以使用中介者。

單介面中介者

上述的中介者模式是一種觀察者模式：它觀察每個同事元素的變化，每個元素都有一個到中介者的自定義介面。另一種方法是在您的中介者中使用一個方法，並將該方法傳遞給各種物件，這些物件告訴中介者要執行哪些操作。

在這種方法中，我們避免註冊活動元件，並為每個動作元素建立一個具有不同多態參數的單一動作方法。

這種方法在 Python 中更加困難，因為它本質上是一個一次性編譯器，並且對尚未建立的物件的引用難以控制。

GitHub 範例程式碼

- MedDemo.py：圖 24-1 中使用的 Mediator 的視覺化展示畫面
- 100free.txt：MedDemo.py 的資料

第 25 章

備忘錄模式

假設您想保存一個物件的內部狀態，以便以後可以恢復它。例如，您可能希望將物件的顏色、大小、圖案或形狀保存在製圖或繪畫程式中。理想情況下，應該可以在不讓每個物件都處理這個任務，也不違反封裝性的前提下，保存和恢復狀態。這就是備忘錄模式的目的。

何時使用備忘錄

物件通常不應該使用公開的方法暴露大部分內部狀態。但是，您仍然希望能夠保存物件的整個狀態，因為以後可能需要恢復它。在某些情況下，你可以從公用介面（例如圖形物件的繪圖位置）取得足夠的訊息來保存和恢復該資料。在其他情況下，需要保存與其他圖形物件的顏色、陰影、角度和連接關係，而這些訊息可能不容易獲得。這種訊息的保存和恢復，在需要支援 Undo 命令的系統中很常見。

如果描述一個物件的所有訊息都在公用變數中可用，那麼將它們保存在一些外部儲存中並不困難。然而，將這些資料公開，會使整個系統容易受到外部程式碼的更改，我們通常想讓物件內的資料是私用的，並將它們封裝起來，避免被外界接觸。

Python 沒有私有或受保護的變數。但是，如果你希望表示它們不應該直接存取，你可以按照命名規範，在變數的名稱開頭使用底線。

備忘錄模式試圖透過對要保存的物件的狀態進行特權存取，來解決這個問題。其他物件可能對物件只有更有限的存取權限，因此保留了它們的封裝性。此模式為物件定義了三個角色：

- 發起者（Originator）是您要保存其狀態的物件。
- 備忘錄是另一個保存發起者狀態的物件。

- 管理人（Caretaker）管理保存狀態的時間，保存備忘錄，如果需要，使用備忘錄恢復發起者的狀態。

在不公開物件的所有變數的情況下儲存其狀態是很棘手的，各種語言可以做到的程度各有不同。在 Python 中，一切都可能是公開的，但您可能不希望一切都被公開使用。

範例程式碼

考慮一個簡單的圖形繪圖程式原型，它可以建立矩形，讓你透過用滑鼠來選擇並移動它們。該程式有一個帶有三個按鈕的工具欄：矩形、取消和清除（見圖 25-1）。

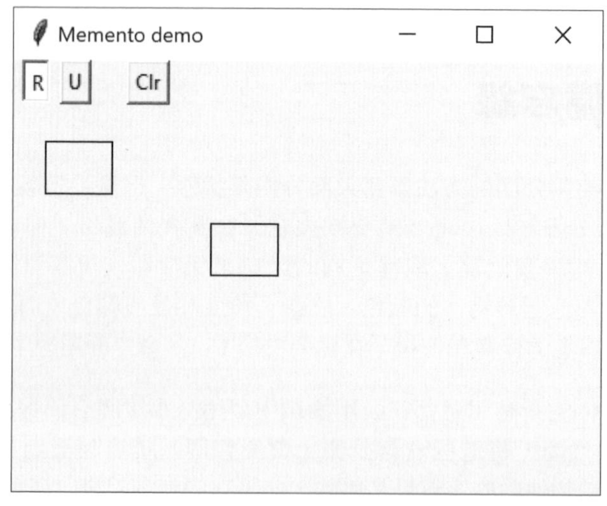

圖 25-1 圖形繪製程式

矩形核取方塊（透過將 indicatoron 設置為 0 顯示為按鈕）保持選取狀態，直到您取消選取該按鈕。如果在選擇此按鈕時，點擊主視窗中的任意位置，則會繪製一個矩形。

繪製矩形後，您可以點擊任何矩形來選擇它。如果在任何矩形之外點擊，則取消選擇目前矩形，如圖 25-2 所示。

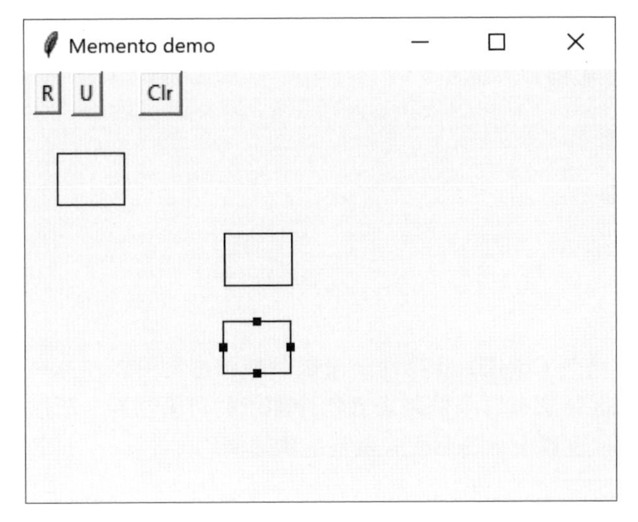

圖 25-2　選取的矩形

選擇一個矩形後，您可以使用滑鼠將它拖到一個新位置（見圖 25-3）。

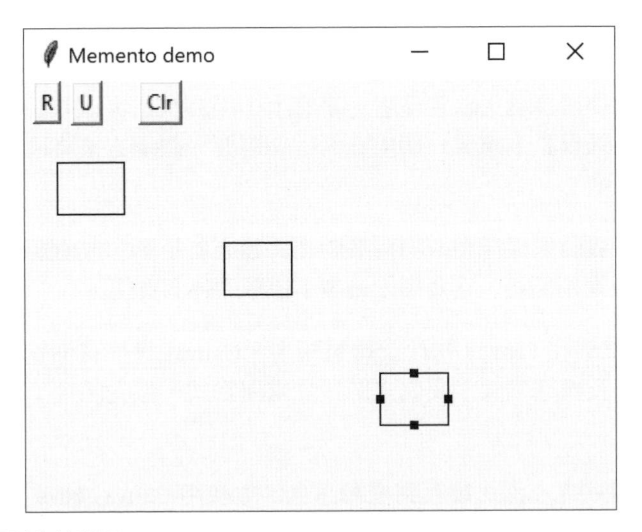

圖 25-3　拖動矩形後的畫面

取消按鈕可以取消一系列操作。具體來說，它可以取消移動一個矩形，也可以取消每個矩形的建立。每次點擊該按鈕，您都會取消一項操作。

在此程式中，我們需要回應五項操作：

- 矩形核取方塊點擊
- 取消按鈕點擊
- 清除按鈕點擊
- 滑鼠點擊
- 滑鼠拖動

三個按鈕可以建構為 Command 物件，滑鼠點擊和拖動可以作為事件處理，由中介者處理。此外，因為您有許多控制畫面物件顯示的可視物件，所以這是使用中介者模式的理想機會。事實上，這個程式就是這樣建構的。

在這裡，我們將滑鼠事件綁定到特定的 Mediator 函式：

```
# 綁定滑鼠事件
canvas.bind("<Button-1>", med.buttonDown)
canvas.bind("<B1-Motion>", med.drag)
canvas.bind("<ButtonRelease-1>", med.buttonUp)
```

我們還將建立一個 Caretaker 類別來管理堆疊中的 Undo 操作清單。中介者管理動作，並將繪圖物件清單發送給管理者。事實上，因為程式可以有任意數量的操作來保存和取消，所以實際上需要一個中介者：您需要一個地方來將這些命令發送到管理者中的取消清單。

在這個程式中，我們只保存和取消兩個動作：建立新矩形和改變矩形的位置。我們從 visRectangle 類別開始，它實際上繪製了矩形的每個實例。

在 Python 中，我們在 Canvas 物件上繪製矩形。Canvas 管理畫面刷新 / 重繪，我們只需要建立矩形及處理常式。我們立即建立處理常式，但先隱藏；然後在選擇矩形時使它們可見。

當您拖動一個矩形時，程式接收到拖動訊息，並使用 Canvas move 方法來移動矩形及處理常式。首先建立一個基礎 VisObject 類別，從中衍生 Rectangle 和 Memento 類別：

```
# 抽象類別代表矩形和備忘錄
class VisObject():
    def undo(self): pass
    def contains(self, x,y):
```

```
        return False
    def isSelected(self):
        return False
```

那麼 Rectangle 就是基於這個簡單的基礎類別：

```
class Rectangle(VisObject):
    def __init__(self,x, y, canvas):
        self.x = x  # 存座標
        self.y = y
        self.canvas = canvas
        self._selected = False
        self.corners = []   # 建立 corners 陣列
        fillcol='black'     # rect 和 handles

        # 建立主要矩形
        self.crect = self.canvas.create_rectangle(
            x - 20, y - 15, x + 20, y + 15,
            outline=fillcol)

        # 並建立四個 ( 隱藏的 )handles
        c = self.canvas.create_rectangle(x - 22,
              y - 2, x - 18, y + 2, fill=fillcol,
                  state=HIDDEN)
        self.corners.append(c)
        c = self.canvas.create_rectangle(x + 18,
                 y - 2, x + 22, y + 2, fill=fillcol,
                   state=HIDDEN)
        self.corners.append(c)
        c = self.canvas.create_rectangle(x - 2,
               y - 17, x + 2, y - 13, fill=fillcol,
                   state=HIDDEN)
        self.corners.append(c)
        c = self.canvas.create_rectangle(x - 2,
               y + 17, x + 2, y + 13, fill=fillcol,
                    state=HIDDEN)
        self.corners.append(c)
```

繪製矩形非常簡單，因為 tkinter 函式庫會在建立矩形後保持畫面刷新。要顯示隱藏的處理常式，您只需調用以下命令：

```
if self._selected:
   for c in self.corners:
       self.canvas.itemconfigure(c, state=NORMAL)
```

要在中介者接收到滑鼠拖動事件時移動矩形和處理常式，您只需計算 deltax 和 deltay 值，並將它們應用於矩形和處理常式：

```
def move(self, x, y):
    oldx = self.x
    oldy = self.y

    self.x = x
    self.y = y
    deltax= x - oldx     # 計算 deltas
    deltay = y - oldy

 # 移動矩形
    self.canvas.move(self.crect, deltax, deltay)

    # 移動 handles
    for c in self.handles:
        self.canvas.move(c, deltax, deltay)
```

現在，我們來看一下簡單的 Memento 類別。

```
# 在拖曳之前，Memento 儲存矩形最後的位置
# 並藉由點擊 undo 按鈕回復它

class Memento(VisObject):
    def __init__(self, x, y, rect:Rectangle):
        self.rect = rect
        self.oldx = x
        self.oldy = y
    def undo(self):
        self.rect.move(self.oldx, self.oldy )
```

當我們建立 Memento 類別的實例時，我們將要保存的 visRectangle 實例傳遞給它。它複製大小和位置參數並保存 visRectangle 實例本身的副本。之後當您想要恢復這些參數時，Memento 知道它必須將這些參數恢復到哪個實例，並且可以直接執行此操作，正如您在 undo 方法中看到的那樣。

這裡的 undo 方法只是決定是將繪圖清單減少一個，還是調用 Memento。這件事無足輕重，因為 Memento 和 Caretaker 都有相同的 undo 方法，當 undo 按鈕被按下時，它們會被 Mediator 調用。

在這兩種情況下，Mediator 都會調用 Caretaker 中的 undo 方法，這會將最後一個 visObject 從堆疊中拿出來，並調用 undo 方法。如果這是一個矩形，則該矩形將從螢幕上刪除；如果這是一個備忘錄，它會恢復矩形的先前位置。

這是 Caretaker 類別：

```
# 管理矩形和備忘錄的 stack
class Caretaker():
    def __init__(self, med):
        self.med = med
        self.rectList= []
        med.setCare(self)
    # 附加最新的 visObj
    def append(self, visobj):
        self.rectList.append(visobj)
    # 取得 stack 的最上面並且取消 visObj
    def undo(self):
        if len(self.rectList) > 0:
            visobj = self.rectList.pop()
            visobj.undo()
    # 清除畫布
    def clear(self):
        while len(self.rectList) > 0:
            visobj = self.rectList.pop()
            visobj.undo()
```

備忘錄模式的影響

備忘錄模式在可行的語言中，提供了一種在保留封裝的同時保留物件狀態的方法。

另一方面，Memento 必須保存的訊息量可能非常大，因此佔用了相當多的儲存空間。這進一步影響了 Caretaker 類別（這裡是中介者），它可能必須設計策略來限制它保存狀態的物件的數量。在我們的簡單範例中，我們沒有施加這樣的限制。在物件以可預測的方式發生變化的情況下，每個 Memento 都可以透過僅保存物件狀態的增量變化來解決問題。

GitHub 範例程式碼

- MementoRectHide.py：Memento demo 如圖 25-1 所示

第 26 章

觀察者模式

在複雜的視窗世界中，我們經常希望同時以一種以上的形式顯示資料，並讓所有的顯示畫面都反映該資料的任何變化。例如，我們可以將股票價格變化表示為圖形和表格或 listbox。每次價格發生變化時，我們希望這兩種表示會立即發生變化，而無須我們進行任何操作。

我們會期望出現這種行為，是因為我們可以在許多 Windows 應用程式（例如 Excel）中看到這種行為。現在，Windows 本身並沒有允許這種活動，而且您可能知道，直接在 Windows 中使用 C 或 C++ 進行程式設計很複雜。然而，在 Python 中，我們可以輕鬆地利用觀察者設計模式來使我們的程式以這種方式執行。

觀察者模式假定包含資料的物件與顯示資料的物件是分開的，此外，這些顯示物件會觀察資料的變化（見圖 26-1）。

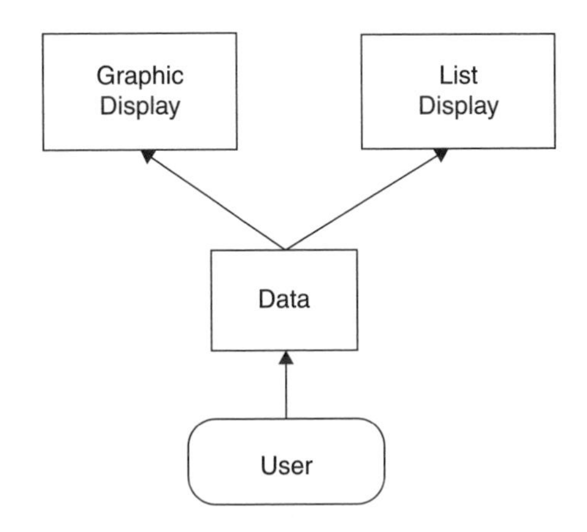

圖 26-1　觀察者模式

當我們實作觀察者模式時，通常將資料稱為「主題」，將每個顯示稱為「觀察者」。每個觀察者都透過調用主題中的公用方法來註冊其對資料的興趣。然後每個觀察者都有一個已知的介面，當資料發生變化時，主體會調用該介面。我們可以如下定義這些介面：

```
# 所有觀察者都必須具備的介面
class Observer:
    def sendNotify(self):
        pass
# Subject 必須有的介面
class Subject:
    def registerInterest(self, obs:Observer):
        pass
```

定義這些抽象介面的好處是，您可以編寫任何想要的類別物件，只要它們實作了這些介面。您可以將這些物件聲明為 Subject 和 Observer 類型，無論它們還有什麼其他功能。

觀察顏色變化的範例程式

讓我們編寫一個簡單的程式來說明如何使用這個強大的概念。該程式有一個顯示畫面，其中包含三個 Radiobutton，分別命名為紅色、藍色和綠色（見圖 26-2）。

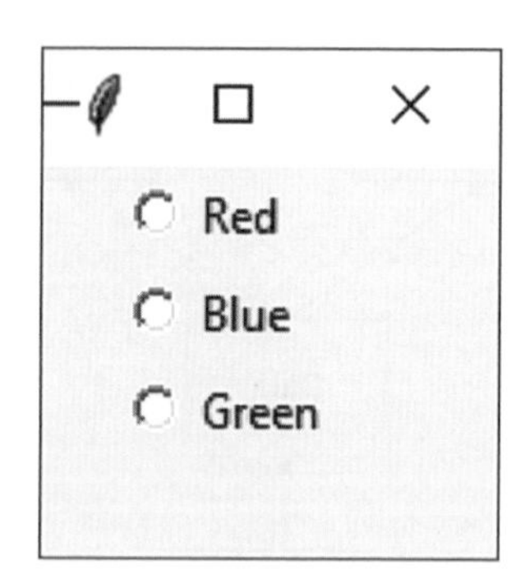

圖 26-2 簡單觀察者 demo 的 UI

此主視窗是主題或資料儲存庫物件。我們使用從第 2 章中的 RadioButton 衍生的 ChoiceButton 程式碼建立這個視窗：

```
class ColorRadio(Subject):
    def __init__(self, root):
        root.geometry("100x100")
        root.title("Subj")
        self.subjects = []
        self.var = tk.IntVar()
        self.colors=["red", "blue", "green"]

        ChoiceButton(root, 'Red', 0, self.var, command=self.colrChange)
        ChoiceButton(root, 'Blue', 1, self.var, command=self.colrChange)
        ChoiceButton(root, 'Green', 2, self.var, command=self.colrChange)
        self.var.set(None)  # 沒有按鈕被選擇
```

請注意，主框架類別是從 Subject 衍生的。因此，它必須提供一個公用方法來註冊對此類別資料的興趣。該方法是 registerInterest 方法，它只是將 Observer 物件添加到 List 中：

```
# 觀察者告訴 Subject 它們想知道的變化
def registerInterest(self, subj:Subject):
    self.subjects.append(subj)
```

現在我們建立 Radiobutton 框架和兩個觀察者，一個顯示顏色（及其名稱），另一個將當前顏色添加到 listbox。

```
root = tk.Tk()
colr = ColorRadio(root)        # 建立 radio frame

cframe = ColorFrame(None)      # 建立 color frame
colr.registerInterest(cframe)  # 並且註冊它

clist = ColorList(None)        # 建立 color list
colr.registerInterest(clist)   # 並且註冊它
```

registerInterest 方法只是將觀察者添加到清單中：

```
# 觀察者告訴 Subject
# 它們想知道的變化
def registerInterest(self, subj:Subject):
    self.subjects.append(subj)
```

然後，當您點擊 RadioButton 時，它會調用命令介面，該介面會尋找實際顏色，並發送給觀察者。

```
def colrChange(self):
    cindex = self.var.get()       # 取得顏色的索引
    color = self.colors[cindex]   # 在 color 清單中尋找
```

```
        # 傳送通知給所有觀察者
        for subj in self.subjects:  # 傳送顏色名稱
            subj.sendNotify(color)
```

當我們建立 ColorFrame 和 ColorList 視窗時，我們在主程式中註冊對資料的興趣，如前所示。

同時，在主程式中，每當有人點擊其中一個 Radiobutton，它就會透過簡單地遍歷觀察者清單中的物件，來調用對這些更改感興趣的觀察者的 sendNotify 方法。

ColorFrame 非常簡單，因為訊息是一個實際的顏色名稱，它可以用來更改框架的背景，因此涉及的程式碼很少：

```
# 用所選顏色填入的 Frame
class ColorFrame(Observer):
    def __init__(self, master=None):
        self.frame = Toplevel(master)
        self.frame.geometry("100x100")
        self.frame.title("Color")

    def sendNotify(self, color:str):
        self.frame.config(bg = color)
```

在 Listbox 觀察者的情況下，它只是將文字添加到清單中，並重組大寫開頭的字元：

```
# list box 顯示所選顏色的文字
class ColorList(Observer):
    def __init__(self, master=None):
        frame = Toplevel(master)
        frame.geometry("100x100")
        frame.title("Color list")
        self.list = Listbox(frame)
        self.list.pack()

    def sendNotify(self, color: str):
        self.list.insert(END, color.capitalize())
```

圖 26-3 顯示了執行的最終程式。

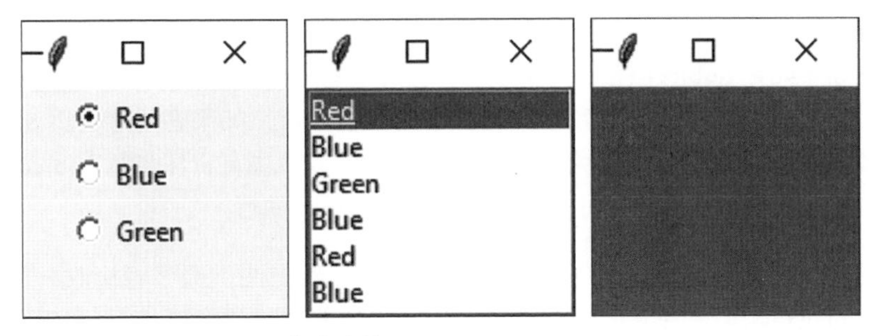

圖 26-3　帶有 Listbox 和 Canvas 觀察者的 Radiobutton

給媒體的訊息

主體應該向觀察者發送什麼樣的通知？在這個仔細限定的範例中，通知訊息是表示顏色本身的字串。當我們點擊其中一個 Radiobutton 時，我們可以獲得該按鈕的索引，尋找顏色並將其發送給觀察者。當然，這假設所有觀察者都可以處理該字串表示。在更現實的情況下，情況可能並非總是如此，特別是如果觀察者也可用於觀察其他資料物件。

在更複雜的系統中，我們可能有需要特定但不同類型資料的觀察者。我們可以使用中間 Adapter 類別來執行此轉換，而不是讓每個觀察者將訊息轉換為正確的資料型別。

觀察者可能必須處理的另一個問題，是中心主題類別的資料可能以多種方式發生變化的情況。例如，我們可以從資料清單中刪除點、編輯它們的值，或更改我們正在查看的資料的比例。在這些情況下，我們需要向觀察者發送不同的更改訊息或發送單一訊息，然後讓觀察者詢問發生了哪種更改。

觀察者模式的影響

觀察者促進與主題的抽象耦合。物件不知道任何觀察者的詳細訊息。但是，當資料發生一系列增量更改時，這具有連續或重複更新觀察者的潛在缺點。如果這些更新的成本很高，則可能有必要引入某種變更管理，以使觀察者不會太快或太頻繁地收到通知。

當一個客戶端對底層資料進行更改時，您需要決定哪個物件將向其他觀察者發起該更改的通知。如果 Subject 在更改時通知所有觀察者，則每個客戶端不負責記住啟動通知。另一方面，這可能會導致觸發一些小的連續更新。如果客戶端告訴 Subject 何時通知其他客戶端，則可以避免這種串聯通知，但客戶端有責任告訴 Subject 何時發送通知。如果一個客戶「忘記了」，該程式將無法正常執行。

最後，您可以根據更改的類型或範圍，定義一些更新方法供觀察者接收，從而指定選擇發送的通知類型。在某些情況下，客戶端將能夠過濾或忽略其中一些通知。

GitHub 範例程式碼

- Observer.py：Radiobutton 觀察者的程式碼

第 27 章

狀態模式

當您希望一個物件表示應用程式的狀態，並透過切換物件來切換應用程式狀態時，就可以使用狀態模式。例如，您可以在多個相關的包含類別之間進行封閉類別切換，然後將方法調用傳遞給當前包含的類別。《設計模式》建議狀態模式在內部類別之間切換，使得封閉物件看起來改變了它的類別。雖然這樣說有點誇張，但至少在 Python 裡，使用類別的實際目的可能有很大的變化。

許多程式設計師都寫過這樣的類別，它會根據收到的參數來執行稍微不同的計算，或顯示不同的資訊。這經常導致類別中的某種 `if-else` 語句決定要執行的行為，而狀態模式試圖取代這種不優雅。

範例程式碼

我們來考慮一個類似於我們為 `Memento` 類別開發的繪圖程式的情況。該程式具有用於選擇、矩形、填入、圓形和清除的工具欄按鈕（見圖 27-1）。

當您在螢幕上點擊或拖動滑鼠時，每個工具按鈕都會執行不同的操作。因此，圖形編輯器的狀態會影響程式應該表現出的行為；這些狀態是 Pick、Rectangle、Circle 和 Fill，建議使用狀態模式進行某種設計。

一開始我們可能會像圖 27-2 一樣設計我們的程式，使用中介者管理五個命令按鈕的操作。

但是，這種初始設計將維護程式狀態的全部負擔都交給了中介者。如您所知，中介者的主要目的是協調各種控件之間的活動，例如按鈕。將按鈕的狀態和所需的滑鼠活動保持在中介者內可能會使它過於複雜，並且可能導致一組 `if` 測試進一步使程式難以閱讀和維護。

此外，這組大型的單一條件語句（例如 mouseUp、mouseDrag、rightClick 等）可能需要中介者在解釋每個操作時重複。這使得閱讀、維護程式變得難上加難。

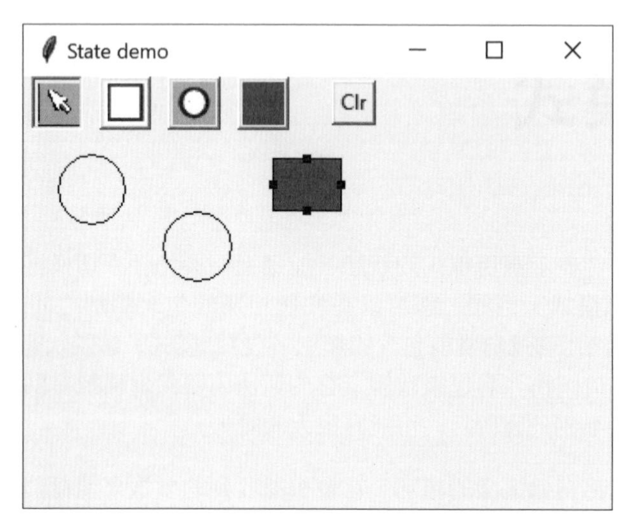

圖 27-1 狀態模式繪製程式

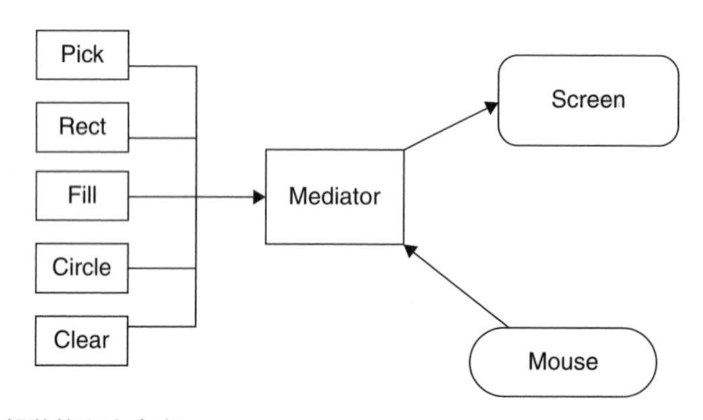

圖 27-2 工具按鈕狀態和中介者

我們來分析每個按鈕的預期行為：

1. 如果選擇了 Pick 按鈕，在繪圖元素內部點擊應該會使其突出顯示或出現「handles」。如果拖動滑鼠並且已經選擇了繪圖元素，則該元素應該在螢幕上移動。

2. 如果選擇了矩形按鈕，點擊螢幕應該會建立一個新的矩形繪圖元素。

3. 如果選擇了「Fill」按鈕，並且已經選擇了一個繪圖元素，則該元素應該填入當前顏色。如果未選擇任何繪圖元素，則在繪圖內部的點擊，應填入當前顏色。
4. 如果選擇了圓形按鈕，點擊螢幕應該會建立一個新的圓形繪圖元素。
5. 如果選擇清除按鈕，所有繪圖元素都將被刪除。

在這些行為中，有一些共通點值得我們探索。其中四個使用滑鼠點擊事件來觸發動作，一個使用滑鼠拖動事件來引發一個動作。因此，我們確實希望建立一個系統，來幫助我們根據當前選擇的按鈕重定向這些事件。

我們考慮建立一個處理滑鼠活動的 State 物件：

```
class State():
    def mouseDown(self, evt:Event):pass
    def mouseUp(self, evt:Event):pass
    def mouseDrag(self, evt:Event):pass
```

我們將包含 mouseUp 事件以防以後需要它。因為所描述的情況都不需要所有這些事件，所以我們將為基礎類別提供空方法，而不是建立一個抽象基礎類別。然後我們將為 Pick、Rect、Circle 和 Fill 建立四個衍生的 State 類，並將它們的所有實例放入 StateManager 類別中，該類別設置當前狀態，並在該狀態物件上執行方法。在《設計模式》中，這個 StateManager 類別被稱為 Context。該物件如圖 27-3 所示。

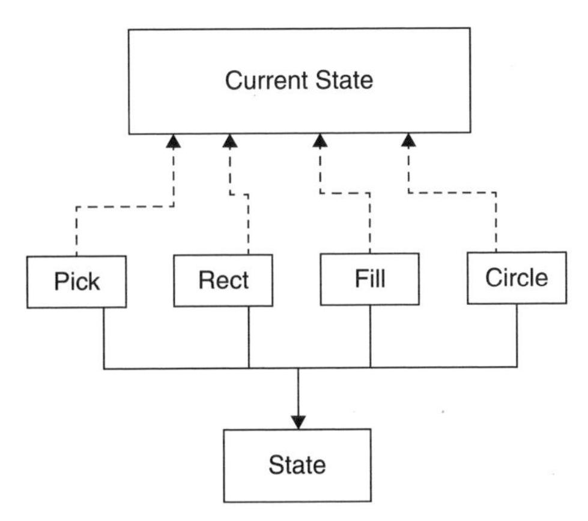

圖 27-3　StateManager 與工具按鈕互動

一個典型的 State 物件只是簡單地覆寫了它必須特別處理的事件方法。例如，這是完整的 Rectangle 狀態物件：

```
class RectState(State):
    def __init__(self, med):
        self.med = med
    def mouseDown(self, evt:Event):
        # 如果被勾選，建立新的矩形
        newrect = Rectangle(evt.x, evt.y, self.med.canvas)
        rectList = self.med.getRectlist()
        rectList.append(newrect)  # 存在 stack 中
```

RectState 物件只是告訴 Mediator 將一個矩形繪圖添加到繪圖清單中。同樣，Circle 狀態物件告訴 Mediator 將一個圓添加到繪圖清單中：

```
class CircState(State):
    def __init__(self, med):
        self.med = med
    def mouseDown(self, evt:Event):
        # 建立新的圓形
        newrect = Circle(evt.x, evt.y,
                         self.med.canvas)
        rectList = self.med.getRectlist()
        rectList.append(newrect)  # 存到 stack 中
```

唯一棘手的按鈕是填入按鈕，因為我們為它定義了兩個動作。

1. 如果一個物件已經被選取，填入它。
2. 如果在物件內點擊滑鼠，則填入該物件。

要執行這些任務，我們需要將 select 方法添加到您的 State 基礎類別中。選擇每個工具按鈕時調用此方法：

```
class State():
    def mouseDown(self, evt:Event):pass
    def mouseUp(self, evt:Event):pass
    def mouseDrag(self, evt:Event):pass
    def select(self):pass
```

Drawing 參數是當前選定的圖形，如果未選擇任何圖形，則為 null，並且顏色是當前的填入顏色。在這個簡單的程式中，我們將填入顏色任意設置為紅色。所以，Fill 狀態類別變成了這樣：

```
class FillState(State):
    def __init__(self, med):
        self.med = med
```

```
# 如果一個 figure 被選擇，填充它
    def select(self):
        rect = self.med.getSelected()
        if rect != None:
            rect.fillObject()


# 否則就填入您點擊的下一個 figure
    def mouseDown(self, evt:Event):
        rectList = self.med.getRectlist()
        for r in rectList:
            if r.contains(evt.x, evt.y):
                r.fillObject()
                self.selectRect = r
```

在狀態之間切換

現在我們已經定義了當滑鼠事件發送到每個狀態時的行為方式，需要檢查 StateManager 如何在狀態之間切換。我們只需將 currentState 變數設置到 state，與已選按鈕顯示的狀態一樣。

```
# 根據您點的按鈕在不同的狀態之間切換
class StateManager():
    def __init__(self, med):
        self.med = med
        # 建立每個狀態的實例
        self.pickState = PickState(med)
        self.curState = self.pickState
        self.rectState = RectState(med)
        self.fillState =  FillState(med)
        self.circState = CircState(med)


    # 在點擊按鈕時切換狀態
    def setRect(self):
        self.curState = self.rectState
    def setCirc(self):
        self.curState = self.circState
    def setFill(self):
        self.curState = self.fillState
    def setPick(self):
        self.curState = self.pickState
```

在這個版本的 StateManager 中，我們在 __init__ 方法期間建立每個狀態的實例，並在調用 set 方法時將正確的一個複製到狀態變數中。也可以使用工廠按需建立這些狀態；如果有大量的狀態，每個狀態都消耗相當數量的資源，這可能是明智之舉。

StateManager 的其餘程式碼只是調用當前狀態物件的方法。這正是關鍵所在：不需要進行條件測試，而且正確的狀態已經存在，其方法已經準備好被調用。

```
# 這是我們會採取動作的三個事件
def mouseDown(self, evt):
    self.curState.mouseDown(evt)
def mouseDrag(self, evt):
    self.curState.mouseDrag(evt)
def select(self):
    self.curState.select()
```

Mediator 如何與 StateManager 互動

你在前面學到將狀態管理與 Mediator 的按鈕和滑鼠事件管理分開會更清楚。然而，Mediator 是關鍵類別，因為它會在當前程式狀態發生變化時通知 StateManager。

每個按鈕都可以處於選取或未選取狀態，這些狀態透過使用按鈕邊框來顯示每個按鈕的「向上」或「向下」。這些設置是衍生的 DButton 類別的一部分。

```
# 衍生的按鈕類別有一個抽象的 comd 方法
class DButton(Button, Command):
    def __init__(self, master,  **kwargs):
        super().__init__(master, command=self.comd,
                         **kwargs)
    def select(self):
        self.config(relief=SUNKEN)
    def deselect(self):
        self.config(relief=RAISED)
```

當您點擊任何按鈕時，該按鈕接收點擊事件，透過調用 Mediator 的 deselect 方法關閉其他按鈕，然後調用該按鈕上的 select 方法，並將該狀態發送到 StateManager。

```
# 選擇後，您可以建立矩形
class RectButton(DButton):
    def __init__(self, rt,  med):
        super().__init__(rt)
        self.photo =  \
            PhotoImage(file="rectforbutton.png")
```

```
        self.config(image=self.photo)
        self.med = med
        med.addButton(self) # 加到按鈕清單中

    def comd(self):
        # 取消選擇所有按鈕
        self.med.unselectButtons()
        self.select()   # 選擇這一個
        # 設定 statemanager 到 Rect 狀態
        self.med.statemgr.setRect()
```

請注意，每次點擊按鈕都會調用這些方法之一，並更改應用程式的狀態。每個方法中的其餘語句只是關閉其他切換按鈕，因此一次只能按下一個按鈕。

```
# 中介者管理按鈕和滑鼠事件
class Mediator():
    def __init__(self, canvas):
        self.canvas = canvas
        self.selectRect=None     # 未選擇
        self.dragging = False    # 未拖曳
        self.memento = None      # 變數在這
        self.rectList=[]
        self.buttons = []
        # 建立 StateManager
        self.statemgr = StateManager(self)

    def getRectlist(self):
        return self.rectList


def addButton(self, but:DButton):
        self.buttons.append(but)

    # 取消選擇四個按鈕
    def unselectButtons(self):
        for but in self.buttons:
            but.deselect()

    # 按鈕一被點擊
    def buttonDown(self, evt):
        self.statemgr.mouseDown(evt)

    # 圓形按鈕設定 Circle 狀態
    def circleClicked(self):
        self.statemgr.setCirc()
```

```
    # 選定的矩形或圓形已儲存
    def setSelected(self, r):
        self.selectRect = r

    # 取得選定的繪圖物件
    def getSelected(self):
        return self.selectRect

    # 拖曳矩形 / 圓形到新的位置
    def drag(self, evt):
        self.statemgr.mouseDrag(evt)

    # 清除所有的物件
    def clear(self):
        while len(self.rectList) > 0:
            visobj = self.rectList.pop()
            visobj.undo()
```

其餘程式碼與 Memento 範例中的基本相同，為簡單起見，刪除了 Undo 方法。

狀態模式的影響

狀態模式的結果包括以下內容：

1. 狀態模式為應用程式可以擁有的每個狀態建立一個基本狀態物件的子類別，並隨著應用程式在狀態之間的變化在它們之間切換。
2. 您不需要一長串與各種狀態相關聯的條件 `if` 語句；每一個都封裝在一個類別中。
3. 沒有任何變數可以指定程式所處的狀態；這種方法減少了由於程式設計師忘記測試這個狀態變數而導致的錯誤。
4. 您可以在應用程式的多個部分之間共享狀態物件，例如單獨的視窗，只要狀態物件沒有特定的實例變數即可。在這個例子中，只有 `FillState` 類別有一個實例變數，這可以很容易地改寫為每次傳入的參數。
5. 這種方法產生了許多小類別物件，但過程中簡化了程式並使之變得明確。

狀態轉換

狀態之間的轉換可以在內部或外部指定。在本章的範例中，Mediator 告訴 StateManager 何時在狀態之間切換。然而，每個狀態也有可能自動決定每個後繼狀態將是什麼。例如，當建立一個矩形或圓形繪圖物件時，程式可以自動切換到 Arrow-object 狀態。

GitHub 範例程式碼

- StateMaster.py：顯示如何使用狀態的程式，如圖 27-1

第 28 章

策略模式

策略模式在輪廓上很像狀態模式，但目的略有不同。策略模式由封裝在稱為上下文（Context）的驅動程式類別中的相關演算法組成。您的客戶端程式可以選擇其中一種不同的演算法，或者在某些情況下，上下文可能會為您選擇最佳的一種。與狀態模式一樣，其目的是在演算法之間輕鬆切換，而無須任何單一的條件語句。狀態和策略模式之間的區別在於，使用者通常會從幾種策略中，挑選要使用的策略，而且在 Context 類別中，一次只有一種策略會被實例化，並處於活動狀態。相比之下，正如我們所看到的，不同的狀態很可能會同時處於活動狀態，並且它們之間可能會頻繁發生切換。此外，策略模式封裝了幾個類似功能的演算法，而狀態模式封裝了執行一些不同操作的相關類別。最後，策略模式完全沒有狀態之間轉換的概念。

為什麼要使用策略模式

一個程式如果需要某種特定的服務或函式，並且有多種方法可以實現該函式，那麼它就可以採用策略模式。程式根據計算效率或使用者選擇在這些演算法之間進行選擇。可以使用任意數量的策略，並且可以添加更多策略。此外，任何策略都可以隨時更改。

在很多情況下，我們希望以幾種不同的方式做同樣的事情：

- 以不同格式保存檔案
- 使用不同的演算法壓縮檔案
- 使用不同的壓縮方案取得影片資料
- 使用不同的換行策略來顯示文字資料
- 以不同的格式繪製相同的資料（例如，折線圖、折線圖或餅圖）

在每種情況下，我們可以想像客戶端程式告訴驅動模組（上下文）使用這些策略中的哪一個，然後要求它執行操作。

策略模式背後的思想是將各種策略封裝在一個模組中，並提供一個簡單的介面以便在這些策略之間進行選擇。每個策略都應該具有相同的程式設計介面，儘管它們不必都是相同類別層次結構的成員，但它們必須實作相同的程式設計介面。

範例程式碼

我們來考慮一個簡化的繪圖程式，它可以將資料顯示為折線圖或長條圖。從一個抽象的 PlotStrategy 類別開始，並從中衍生出兩個繪圖類別（見圖 28-1）。

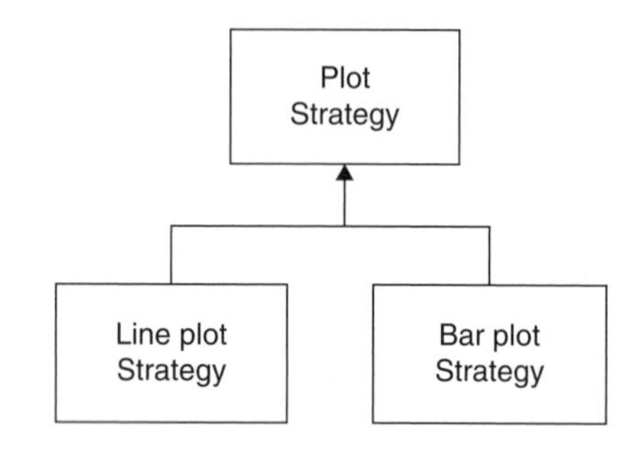

圖 28-1 兩種繪圖策略

因為每個繪圖都出現在自己的框架中，所以基礎 PlotStrategy 類別會讀入並縮放資料。子類別衍生自 TopLevel，因此它們打開獨立的視窗。

```
class PlotStrategy():
    def __init__(self, title):
        self.width = 300
        self.height = 200
        self.title = title
        self.color = "black"
        frame = Toplevel(None, width=300, height=200)
        frame.title(self.title)
        self.canvas = Canvas(frame, width=300, height=200)
        self.canvas.pack()
        # 讀取一個文件並找到它的邊界
        self.readFile("data.txt")
        self.findBounds(self.xp, self.yp)
```

```
    # 抽象繪圖方法，
    # 由衍生類別填入
    def plot(self, xp, yp):pass

    def setPencolor(self, c): self.color = c

    # 找到每個陣列的最大值和最小值
    def findBounds(self, x, y):
        self.minx = min(x)
        self.miny = 0
        self.maxx  = max(x)
        self.maxy = max(y)

    # 計算比例係數
    def calcScale(self, h, w):
        self.xfactor = (0.9 * w) / (self.maxx - self.minx)
        self.yfactor = (0.9 * h) / (self.maxy - self.miny)

        self.xpmin = (int)(0.05 * w)
        self.ypmin = (int)(0.05 * h)
        self.xpmax = w - self.xpmin
        self.ypmax = h - self.ypmin
```

重點是所有衍生類別都必須實作一個名為 `plot` 的方法，該方法對兩個浮點陣列進行操作。這些類別中的每一個類別，都可以繪製任何合適的圖形。

Context 上下文

`Context` 類別是決定調用哪種策略的交通警察。該決定通常基於來自客戶端程式的請求，而 `Context` 需要做的就是設置一個變數來引用一個或另一個具體策略。

在這個簡單的範例中，您只需使用圖 28-2 中的兩個按鈕來選擇要使用的策略。

程式命令

這個簡單的程式只是一個帶有兩個按鈕的面板，每個按鈕可以調用各自的繪圖常式（見圖 28-2）。

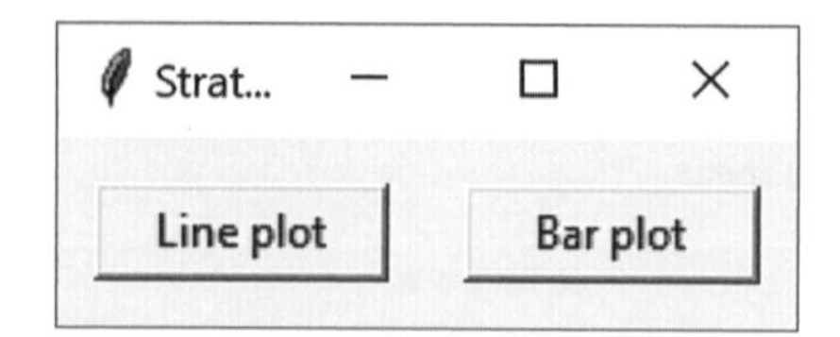

圖 28-2 選擇策略的命令按鈕

每個按鈕都是一個命令物件，它設置正確的策略，然後調用其繪圖常式。例如，這是完整的折線圖按鈕類別：

```
# 按鈕啟動折線圖視窗
class LineButton(DButton):
    def __init__(self, root, **kwargs):
        super().__init__(root,
            text="Line plot", **kwargs)
    def comd(self):
        lst = LineStrategy()
        lst.plot()
```

折線圖和長條圖策略

這兩個策略類別幾乎相同：它們設置繪圖的視窗大小，並調用特定於該顯示畫面的繪圖方法。兩者都衍生自 PlotStrategy 基礎類別，該類別讀取資料檔案並計算像素數 (300×200) 的 min 和 max，以及縮放因子。

這是折線圖策略：

```
# 折線圖的策略
class LineStrategy(PlotStrategy):
    def __init__(self, master=None):
        super().__init__("Line plot")

    def plot(self):
        w = self.width
        h = self.height
        self.calcScale(h, w)
    # 兩個陣列的折線圖
        coords = []           # x,y 對的陣列
        for i in range(0, len(self.xp)):
            x = self.calcx(self.xp[i])
            y = self.calcy(self.yp[i], h)
```

```
            coords.append(x)
            coords.append(y)
        # 繪製x,y資料
        self.canvas.create_line(coords,
                        fill=self.color)
```

基本的 PlotStrategy 類別完成了讀取和縮放資料的繁瑣工作。因為所有的圖都在畫布上，所以它也初始化了一個。

```
class PlotStrategy():
    def __init__(self, title):
        self.width = 300
        self.height = 200
        self.title = title
        self.color = "black"  # 預設顏色
        frame = Toplevel(None)
        frame.title(self.title)

        self.canvas = Canvas(frame,
              width=self.width, height=self.height)
        self.canvas.pack()
        # 讀入檔案並找到它的邊界
        self.readFile("data.txt")
        self.findBounds(self.xp, self.yp)

    # 抽象繪圖方法，
    # 由衍生類別填補
    def plot(self, xp, yp):pass

    def setPencolor(self, c):
        self.color = c
```

以下是縮放方法：

```
# 找到每個陣列的最大和最小值
def findBounds(self, x, y):
    self.minx = min(x)
    self.miny = 0
    self.maxx  = max(x)
    self.maxy = max(y)

# 計算縮放係數
def calcScale(self, h, w):
    self.xfactor = (0.9 * w) / (self.maxx -
                               self.minx)
    self.yfactor = (0.9 * h) / (self.maxy -
                               self.miny)
```

```
        self.xpmin = (int)(0.05 * w)
        self.ypmin = (int)(0.05 * h)
        self.xpmax = w - self.xpmin
        self.ypmax = h - self.ypmin

    # 計算 x 像素的位置
    def calcx(self,xp):
        x= (xp - self.minx) * self.xfactor + self.xpmin
        return x
    # 計算 y 像素的位置
    def calcy(self, yp, h):
        y = h - (yp - self.miny)*self.yfactor
        return y
```

圖 28-3 顯示最後兩個圖。

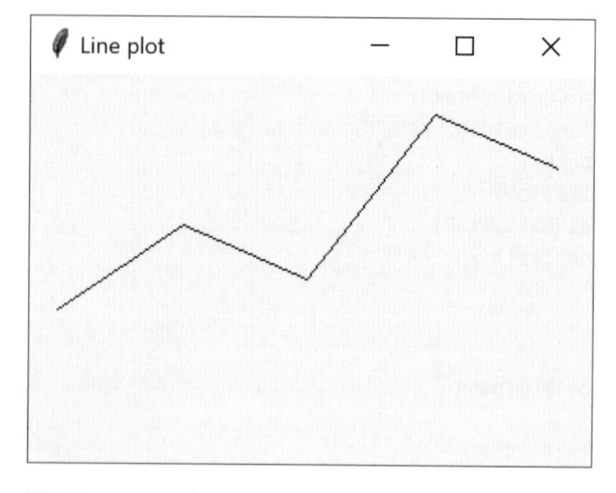

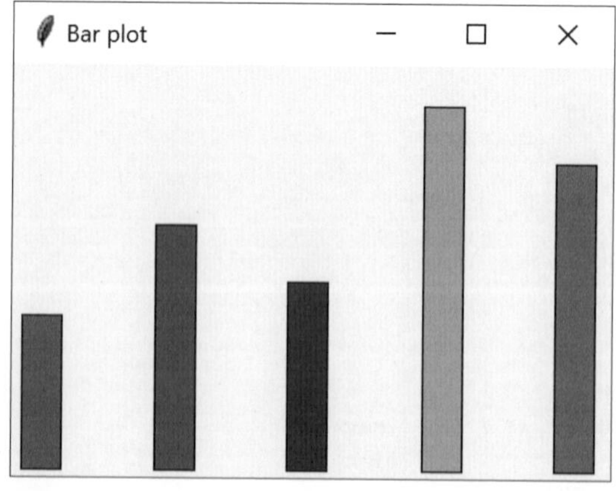

圖 28-3　折線圖和長條圖策略

策略模式的影響

策略模式使您能夠動態地從幾種演算法中擇一。這些演算法可以在繼承層次結構中相關，也可以不相關，只要它們實作一個通用介面即可。由於 Context 可根據您的要求在策略之間切換，因此與簡單地調用所需的衍生類別相比，您具有更大的靈活性。這種方法還避免了那種可能使程式碼難以閱讀和維護的條件語句。

另一方面，策略並不能隱藏一切。客戶端程式碼必須知道有許多替代策略，並且有一些選擇標準。這將演算法決策轉移給客戶端程式設計師或使用者。

例如，長條圖的縮放比例可能不同，因為長條圖的底部始終位於 `y = 0`。在這種情況下，我們將兩個圖的 `ymin` 強制為 `0`，但這可能未必總是最佳選擇。

由於可能會將許多不同的參數傳遞給不同的演算法，因此您可能必須開發足夠廣泛的 Context 介面和策略方法，以允許傳入該特定演算法未使用的參數。例如，我們 `PlotStrategy` 中的 `setPenColor` 方法實際上只被 `LineGraph` 策略使用。`BarGraph` 策略忽略了它，因為它為連續繪製的長條圖，設置了自己的顏色列表。

GitHub 範例程式碼

在所有這些範例中，請確保將資料檔（此處為 data.txt）包含在與 Python 檔案相同的資料夾中，並確保它們是 VScode 或 PyCharm 中專案的一部分。

- StrategyPlot.py：程式使用策略模式選擇折線圖或長條圖
- Data.txt：StrategyPlot 的資料

第 29 章

模板模式

每當您寫一個父類別，將其中一個或多個方法留給衍生類別來實作時，實質上就是在使用模板模式。模板模式將「在類別中定義演算法，但將一些細節留在子類別中實作」的想法形式化。換句話說，如果你的基礎類別是一個抽象類別（就像這些設計模式中經常發生的那樣），那麼你就是在使用簡易的模板模式。

為什麼要使用模板模式

模板是如此基本；你或許早已在不自覺的情況下使用多次。模板模式背後的理念是，演算法的某些部分定義良好，可以在基礎類別中實作，而其他部分可能有多個實作，最好留給衍生類別。另一個主題是認識到類別中的一些基本部分可以被分解並放入基礎類別中，這樣它們就不需要在幾個子類別中重複。

例如，在開發本書策略模式範例中使用的繪圖類別時，我們發現在繪製折線圖和長條圖時，需要類似的程式碼來縮放資料，並計算 x 和 y 像素位置。

```
# 計算 x 像素位置
def calcx(self,xp):
    x= (xp - self.minx) * self.xfactor + self.xpmin
    return x
# 計算 y 像素位置
def calcy(self, yp, h):
    y = h - (yp - self.miny) * self.yfactor
    return y
```

因此，這些方法都屬於基礎 PlotStrategy 類別，它本身沒有任何實際的繪圖功能。請注意，plot 方法設置了所有的縮放常數，實際的繪圖方法則被推遲到衍生類別。模板模式在這方面非常相似。

模板類別中的方法種類

模板有四種可以在衍生類別中使用的方法：

1. 完成所有子類別都想使用的一些基本功能的方法，比如前面例子中的 calcx 和 calcy。這些被稱為**具體方法**。
2. 完全不填寫必須在衍生類別中實作的方法。在 Python 中，您可以使用將出現程式碼的 pass 語句，將這些方法聲明為**空**方法。
3. 包含某些操作的預設實作，但可以在衍生類別中被覆寫的方法。這些被稱為 *hook* 方法。當然，這種命名有些隨意，因為在 Python 中，您可以覆寫衍生類別中的任何方法；Hook 方法旨在被覆寫，而具體方法則不是。
4. 最後，模板類別可能包含方法，這些方法本身調用 abstract、hook 和 concrete 方法的任意組合。這些方法不打算被覆寫；它們描述了一個演算法，但沒有實際實作它的細節。《設計模式》將這些稱為模板方法。

範例程式碼

考慮一個在螢幕上繪製三角形的簡單程式。我們將從一個抽象的三角形類別開始，然後從中衍生一些特殊的三角形類型。

為簡單起見，我們使用 Point 類別來表示定義頂點的 x,y 對：

```
class Point():
    def __init__(self, x, y):
        self.x = x
        self.y = y
```

請注意，您可以直接存取 x 和 y 屬性，而無須透過存取子函式。

抽象的 Triangle 類別說明了模板模式：

```
class Triangle():
    def __init__(self, canvas: Canvas, a: Point,
                 b: Point, c: Point):
        self.p1 = a
        self.p2 = b
        self.p3 = c
```

```
        self.canvas = canvas

    # 在兩點之間繪製一條線
    def drawLine(self, a, b):
        self.canvas.create_line(a.x, a.y, b.x, b.y)

    # 繪製完整的三角形
    def draw(self):
        self.drawLine(self.p1, self.p2)
        current = self.draw2ndLine(self.p2, self.p3)
        self.closeTriangle(current)

    # 這是由衍生類別來填補
    def draw2ndLine(self, a: Point, b: Point):
        pass

    # 關閉從 c 到 p1 的三角區域
    def closeTriangle(self, c: Point):
        self.drawLine(c, self.p1)
```

這個 Triangle 類別保存了三條線的坐標，但繪圖常式只繪製第一條和最後一條線。將線畫到第三點的最重要的 draw2ndLine 方法被保留為抽象方法。這樣，衍生類別可以移動第三個點，來建立您想要繪製的三角形。

這是使用模板模式的類別的一般範例。draw 方法調用兩個具體的基礎類別方法和一個抽象方法，必須在衍生自 Triangle 的任何具體類別中重寫。

另一種與實作基本 Triangle 類別非常相似的方法，是在 draw2ndLine 方法中包含預設的程式碼。

```
def draw2ndLine(self, a: Point, b: Point):
    self.drawLine(a, b)
    return b
```

在這種情況下，draw2ndLine 方法變成了一個可以被其他類別覆寫的 Hook 方法。

繪製標準三角形

要繪製一個沒有形狀限制的一般三角形，我們只需在衍生的 stdTriangle 類別中實作 draw2ndLine 方法：

```
# 一個簡單的標準三角形
class StdTriangle(Triangle):
    def __init__(self, canvas, a, b, c):
        super().__init__(canvas, a, b, c)

    def draw2ndLine(self, a: Point, b: Point):
        self.drawLine(a, b)
        return b
```

繪製等腰三角形

此類別計算新的第三個資料點，使兩側的長度相等，並將新點保存在類別中。

```
class IsoscelesTriangle(Triangle):

    def __init__(self, canvas, a, b, c):
        super().__init__(canvas, a, b, c)
        dx1 = b.x - a.x
        dy1 = b.y - a.y
        dx2 = c.x - b.x
        dy2 = c.y - b.y

        side1 = self.calcSide(dx1, dy1)
        side2 = self.calcSide(dx2, dy2)

        if (side2 < side1):
            incr = -1
        else:
            incr = 1

        slope = dy2 / dx2
        intercept = c.y - slope * c.x

     # 移動點 c
     # 所以這是個等腰三角形
        self.newcx = c.x
        self.newcy = c.y
        while math.fabs(side1 - side2) > 1:
            self.newcx += incr  # 遍歷一個像素
            self.newcy = (int)(slope * self.newcx
                               + intercept)
            dx2 = self.newcx - b.x
            dy2 = self.newcy - b.y
            side2 = self.calcSide(dx2, dy2)
```

```
        self.newc = Point(self.newcx, self.newcy)

    # 計算邊長
    def calcSide(self, dx, dy):
        return math.sqrt(dx * dx + dy * dy)
```

當 Triangle 類別調用 draw 方法時，它會調用這個新版本的 draw2ndLine，並繪製一條線到新的第三點。此外，它將新點傳回給 draw 方法，以便正確繪製三角形的閉合邊。

```
# 使用保存新點畫出第二條線
def draw2ndLine(self, b, c):
    self.drawLine(b, self.newc)
    return self.newc
```

三角繪圖程式

主程式只建立您要繪製的三角形的實例。

```
# 標準三角形座標
    p1 = Point(100, 40)
    p2 = Point(75, 100)
    p3 = Point(175, 150)

    stdTriangle = StdTriangle(canvas, p1, p2, p3)
    stdTriangle.draw()

# 等腰三角形的起始座標
    p4 = Point(150, 200)
    p5 = Point(240, 140)
    p6 = Point(175, 250)

    isoTriangle = \
        IsoscelesTriangle(canvas, p4, p5, p6)
    isoTriangle.draw()
    mainloop()
```

圖 29-1 顯示了標準三角形和使用相同程式碼的等腰三角形的範例。

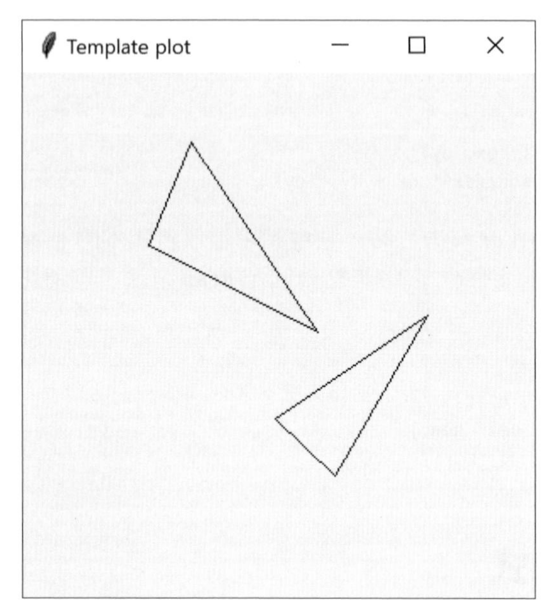

圖 29-1 標準三角形和等腰三角形

模板和回調

《設計模式》指出，模板可以體現好萊塢原則：「不要打電話給我們，我們會打電話給您。」這裡的意思是，基礎類別中的方法似乎在調用衍生類別中的方法，這裡的關鍵詞是「似乎」。如果考慮我們的基礎 Triangle 類別中的 draw 方法，可以看到有三個方法調用：

```
def draw(self):
    self.drawLine(self.p1, self.p2)
    current = self.draw2ndLine(self.p2, self.p3)
    self.closeTriangle(current)
```

現在 drawLine 和 closeTriangle 在基礎類別中實作。但是，正如我們所看到的，draw2ndLine 方法在基礎類別中根本沒有實作，各種衍生類別可以分別實作它。因為被調用的實際方法在衍生類別中，所以它們看起來好像是從基礎類別調用的。

如果這個想法讓您感到不適，您可能會因為*所有*方法調用都源自衍生類別而感到安慰。這些調用沿繼承鏈向上移動，直到找到實現它們的第一個類別。如果這個類別是基礎類別，很好。如果不是，它可能是介於兩者之間的任何其他類別。現在，當您調用 draw 方法時，衍生類別會向上移動繼承樹，直到找到 draw 的實作。同樣，對於從 draw 中調用的每個方法，衍生類別從當前執行的類別開始並向上移動樹以尋找每個方法。當它到達 draw2ndLine 方法時，它會立即在當前類別中找到它。因此，它其實不是從基礎類別裡呼叫，但看起來似乎如此。

總結和影響

模板模式在物件導向軟體中經常出現，其目的既不複雜也不晦澀。它們是正常的物件導向程式設計的一部分，您不應該試圖讓它們比實際更抽象。

第一個要點是，您的基礎類別可能只定義它將使用的一些方法，其餘的則在衍生類別中實作。第二個要點是基礎類別中可能存在調用一系列方法的方法，有些在基礎類別中實作，有些在衍生類別中實作。此 Template 方法定義了一個通用演算法，儘管細節可能無法在基礎類別中完全解決。

模板類別通常具有一些必須在衍生類別中覆寫的抽象方法，並且可能還有一些具有簡單占位（placeholder）實作的類別，您可以在適當的地方自由地覆寫它們。如果這些占位類別是從基礎類別中的另一個方法調用的，那麼我們將這些可覆寫的方法稱為「hook」方法。

GitHub 範例程式碼

- TemplateTriangles.py：使用模板模式顯示兩個三角形，如圖 29-1 所示。

第 30 章

拜訪者模式

拜訪者模式顛覆了物件導向的模式，建立了一個外部類別來對其他類別的資料進行操作。如果有少量類別的大量實例，而您想執行一些涉及所有或大部分類別的操作時，那麼這種模式就很有用。

何時使用拜訪者模式

雖然起初將應該在一個類別中的操作放到另一個類別中似乎「不乾淨」，但這樣做是有充分理由的。假設多個繪圖物件類別中的每一個都具有用於繪製自身的相似程式碼，這些繪圖方法可能不同，但它們可能都會使用我們可能必須在每個類別中複製的底層實用函式。此外，一組密切相關的函式分散在許多不同的類別中，如圖 30-1 所示。

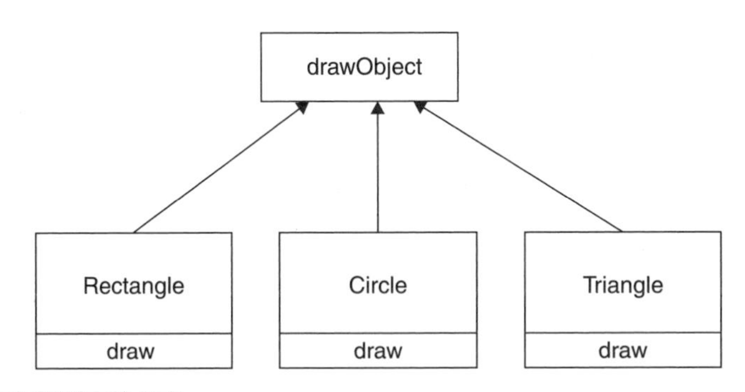

圖 30-1　分散在類別中的函式

事實上，我們編寫了一個包含所有相關繪圖方法的拜訪者類別，並讓它連續存取每個物件（見圖 30-2）。

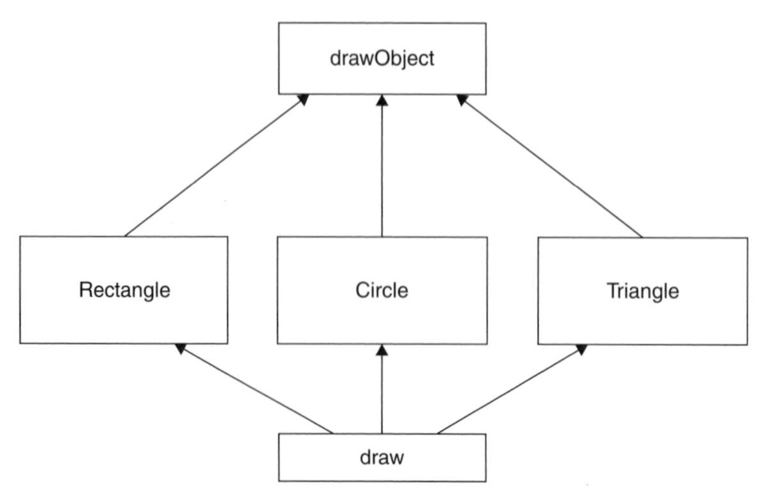

圖 30-2 draw 拜訪每個類別

大多數第一次遇到這種模式的人都會問的問題是，「拜訪是什麼意思？」只有一種方法可以讓外部類別存取另一個類別，那就是調用它的公用方法。在 Visitor 案例中，拜訪每個類別意味著您正在調用已為此目的安裝好的方法，稱為 accept。accept 方法有一個參數：拜訪者的實例。作為回報，它調用 Visitor 的 visit 方法，將自身作為參數傳遞（見圖 30-3）。

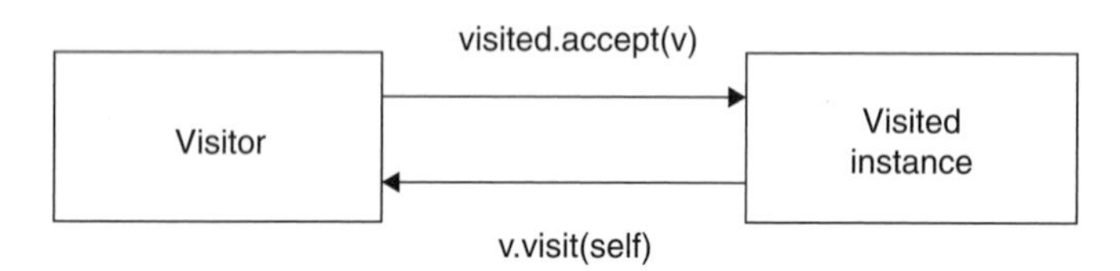

圖 30-3 拜訪者圖示

用簡單的程式術語來說，您要拜訪的每個物件都必須具有以下方法：

```
def accept(self, v:Visitor):
    v.visit(self)
```

透過這種方式，Visitor 物件一個一個地接收到每個實例的引用，然後可以調用它的公用方法來取得資料、執行計算、產生報告，或者只是在螢幕上繪製物件。

使用拜訪者模式

當您想要對包含在具有不同介面的多個物件中的資料執行操作時，您應該考慮使用拜訪者模式。如果您必須對這些類別執行不相關的操作，拜訪者也很有價值。

另一方面，正如我們將在下面的範例程式碼中看到的那樣，只有當您不希望在程式中添加許多新類別時，拜訪者才是一個不錯的選擇。

範例程式碼

考慮我們在第 14 章「組合模式」中討論過的 Employee 問題的一個簡單子集。我們有一個簡單的 Employee 物件，它記錄了員工的姓名、薪水、休假天數和病假天數。此類別的簡單版本如下：

```
class Employee():
    def __init__(self, name, salary,
                 vacdays, sickdays):
        self.vacDays = vacdays  # 存天數
        self.sickdays = sickdays
        self.salary = salary    # 薪水
        self.name = name        # 以及名稱

    # 回傳 name
    def getName(self):  return self.name
    # 和休假天數
    def getVacDays(self): return self.vacDays
    def getSalary(self): return self.salary

    # 接受拜訪者並且調用它
    def accept(self, v: Visitor):
        v.visit(self)
```

請注意，我們在此類別中包含了 accept 方法。現在假設我們要準備一份關於今年到目前為止，所有員工休假天數的報告。我們可以在客戶端中編寫一些程式碼，來匯總對每個 Employee 的 getVacDays 函式的調用結果，或者我們可以將此函式放入一個拜訪者中。

在第一個簡單範例中，我們只有 Employees，所以基本的抽象 Visitor 類別就是：

```
# 抽象基礎類別
class Visitor():
    def visit(self, emp):
        pass
```

請注意，無論是客戶類別還是抽象的拜訪者類別，都沒有說明拜訪者對每個類別做了什麼。事實上，我們可以編寫大量的拜訪者，來對這個程式中的類別進行不同的操作。我們首先要在這裡寫的拜訪者只是對所有員工的假期資料求和：

```
class VacationVisitor(Visitor):
    def __init__(self):
        self.totaldays = 0

    # 休假天數加總
    def visit(self, emp: Employee):
        self.totaldays += emp.getVacDays()

    def getTotalDays(self):
        return self.totaldays
```

拜訪每個類別

現在，要計算總休假天數，我們要做的就是查看員工清單，拜訪他們每個人，然後向拜訪者詢問總數。

```
vac = VacationVisitor()  # 建立兩個拜訪者
# 做拜訪
for emp in self.employees:
    emp.accept(vac)

# 印出加總
print(vac.getTotalDays()))
```

讓我們重申每次存取會發生的情況：

1. 我們遍歷所有員工的迴圈。
2. Visitor 調用每個 Employee 的 accept 方法。
3. Employee 的那個實例調用了 Visitor 的 visit 方法。
4. 拜訪者取得休假天數並添加到總數中。
5. 迴圈完成後，主程式印出總數。

拜訪幾個類別

當有許多具有不同介面的不同類別，並且我們想要封裝如何從這些類別中取得資料時，拜訪者變得更加有用。讓我們透過引入一個名為 Boss 的新員工類型來擴展我們的假期模型。我們進一步假設，在這家公司，老闆會得到獎勵假期（而不是金錢）。所以 Boss 類別有幾個額外的方法來設置和取得獎勵假期訊息：

```
class Boss(Employee):
    def __init__(self, name, salary, vacdays,
                 sickdays):
        super().__init__(name, salary, vacdays,
                 sickdays)
        self.bonusdays = 0

    def setBonusdays(self, bd):
        self.bonusdays = bd

    def getBonusdays(self):
        return self.bonusdays

    # 接受拜訪者並且調用它
    def accept(self, v: Visitor):
        v.visit(self)
```

對於我們編寫的任何具體的拜訪者類別，我們必須為 Employee 和 Boss 類別提供多態存取方法。使用假期計數器，您需要向老闆詢問常規和獎勵天數，因此存取現在有所不同。在這裡，您編寫了一個新的 BVACationVisitor 類別來解釋這種差異：

```
class BVacationVisitor(VacationVisitor):
    def __init__(self):
        self.totaldays = 0

    def visit(self, emp: Employee):
        self.totaldays += emp.getVacDays()

    # 加上總天數，包括獎勵天數
    def visit(self, emp: Boss):
        self.totaldays += emp.getVacDays()
        if isinstance(emp, Boss):
            self.totaldays += emp.getBonusdays()
```

請注意，雖然在這種情況下 Boss 是從 Employee 衍生的，但它根本不需要相關，只要 Boss 類別具有 Visitor 類別的 accept 方法即可。然而，在拜訪者中為您將要拜訪的每個類別實作一個 visit 方法是非常重要的；不要指望繼承這種行為，因為來自父類別的 visit 方法是一個 Employee，而不是一個 Boss 拜訪方法。同樣地，您的每個衍生類別（Boss、Employee 等）都必須有自己的 accept 方法，而不是在父類別中調用一個。

Python 不支援這種級別的多態性（因為鴨子型別），我們需要在調用 getBonusDays 方法之前檢查員工的類型。

老闆也是員工

以下簡單的應用程式對員工和老闆的集合進行員工拜訪和老闆拜訪。原始的 VacationVisitor 將老闆視為員工，只取得他們的普通假期資料，而 BVacationVisitor 則兩者兼得。

```
vac = VacationVisitor()  # 建立兩個拜訪者
bvac = BVacationVisitor()
self.clearFields()
# 做拜訪
for emp in self.employees:
    emp.accept(vac)
    emp.accept(bvac)
# 把總數放在兩個欄位中
self.total.insert(0, str(vac.getTotalDays()))
self.btotal.insert(0, str(bvac.getTotalDays()))
```

顯示的兩行資料表示當使用者點擊「Visit」按鈕時計算的兩個總和（見圖 30-4）。

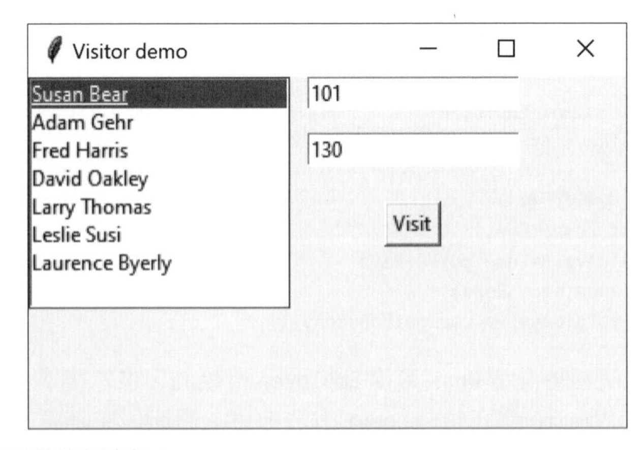

圖 30-4 總休假天數的拜訪者 demo

該程式還允許您點擊任何員工，並查看他們的休假天數（見圖 30-5）。

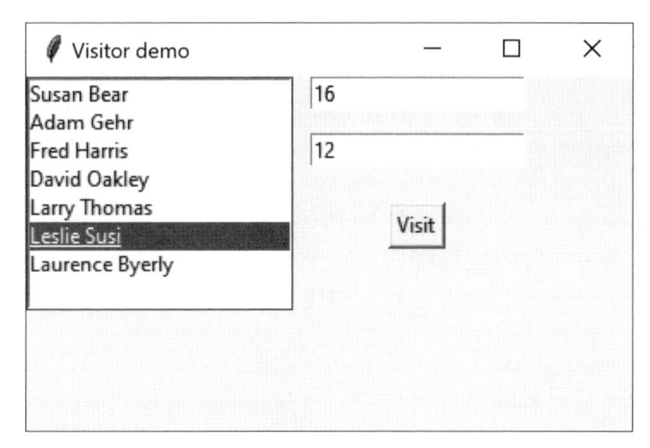

圖 30-5　一位員工休假日的拜訪者 demo

雙重調度（Double Dispatching）

和拜訪者模式有關的任何文章都會提到，為了讓拜訪者起作用，需要調用一個方法兩次。拜訪者調用給定物件的多態 `accept` 方法，`accept` 方法調用拜訪者的多態 *visit* 方法。這個雙向調用可讓你在具有 `accept` 方法的任何類別裡加入更多操作，因為我們寫出來的每一個新 `Visitor` 類別都可以執行使用這些類別裡的資料的任何操作。

遍歷一系列類別

將類別實例傳遞給拜訪者的調用程式必須知道要拜訪的類別的所有現有實例，並且必須將它們保存在一個簡單的結構中，例如一個清單。另一種可能性是將清單傳遞給拜訪者。最後，Visitor 本身可以保留它要存取的物件清單。本章中的簡單範例程式使用物件清單，但任何其他方法都可以同樣有效地工作。

拜訪者模式的影響

當您想要封裝從多個類別的多個實例中取得資料時，拜訪者模式很有用。《設計模式》建議拜訪者在不更改類別的情況下為類別提供附加功能。我們更傾向的說法是，拜訪者可以向類別集合添加功能，並封裝它使用的方法。

然而，拜訪者沒那麼神，它不應該從類別中取得私有資料；它應該僅限於從公用方法獲得的資料。這可能會迫使您提供原本不會提供的公用方法。但是，拜訪者可以從不相關類別的不同集合中取得資料，並使用它來將全域計算的結果呈現給使用者程式。

使用拜訪者向程式添加新操作很容易，因為拜訪者包含程式碼而不是每個單獨的類別。此外，拜訪者可以將相關操作收集到一個類別中，而不是強迫您更改或衍生類別來添加這些操作。這可以使程式更易於編寫和維護。

在程式的成長階段，拜訪者的幫助較小，因為每次添加必須存取的新類別時，都必須在抽象的拜訪者類別中添加抽象拜訪操作；此外，您必須為您編寫的每個具體拜訪者添加該類別的實作。當程式發展到不可能再新增太多類別時，拜訪者可以成為強大的擴充。

拜訪者可以在組合系統中非常有效地使用。我們剛剛說明的老闆 - 雇員系統，很可能是我們在第 14 章中使用的那種組合。

GitHub 範例程式碼

- EmployeeVisits.py：老闆和員工的拜訪者範例

Part V

Python 簡介

如果您以前沒有使用過 Python，這些章節總結了 Python 語言。這些章節從頭開始，為您提供語法和句法，然後帶您了解使用 Python 的基礎知識。

第 31 章

Python 中的變數及語法

Python 具有任何強大的現代語言的所有功能。如果您熟悉 C、C++ 或 Java，您會發現大部分語法都非常熟悉。

在 Python 中你可以使用變數來表示在程式期間可能會發生變化的數字和字串。通常變數名都是小寫的。

在 Python 中，大小寫很重要，如果我們寫：

```
y = m * x + b            # 全部小寫
```

或

```
Y = m * x + b            # Y和y不一樣
```

我們指的是兩個不同的變數：Y 和 y。起初這可能看起來很難用，但有能力做出這樣的區分有時非常有用。例如，程式設計師經常將引用常數的符號大寫：

```
PI = 3.1416              # 代表一個常數
```

程式設計師有時還使用混合大小寫和小寫資料類型的變數來定義資料類型。在這裡，我們建立了一個名為 Temperature 的類別、和一個小寫的該類型的變數。

```
class Temperature              # 開始定義

temp = Temperature(37.2)       # 一個實例
```

想了解更多關於如何使用類別的訊息，請參閱第 1 章「物件簡介」。

資料型別

Python 中的主要資料型別反映了 C 和 Java 中的資料型別。

Boolean	真或假
int	整數可以是長整數
float	浮點數，總是雙精確度
string	字元
complex	複數有兩個部分，實數和虛數

布林變數（Boolean）只能採用保留字 True 和 False 表示的值。布林變數通常來自比較和其他邏輯運算：

```
gtnum = k >6           # 如果 k 大於 6 為 True
```

與 C 不同，您不能將數值分配給布林變數，也不能在布林和任何其他類型之間進行轉換。Python 布林變數 True 為 1 和 False 為 0。

但是，您也可以將任何變數的值重新分配給新類型。

```
gtnum = "lesser"    # 現在是一個字串
```

數值常數

Python 不像 Java 和 C 那樣支援命名常數的概念。任何命名實例都是變數；該變數採用您分配給它的值的類型，並在您為其分配另一個值時更改類型。

```
PI = 3.14159  # 浮點數
PI = "cherry" # 字串
```

然而，按照慣例，所有大寫的變數名都被認為是常數。

您在程式中鍵入的任何數字如果沒有小數部分，則自動被視為 int 類型；如果有，則自動視為 float 類型。

Python 還具有三個保留字常數：True、False 和 None，其中 None 表示尚未引用任何物件的物件變數。

字串

Python 中的字串是由零個或多個字元組成的組，被認為是不可更改或**不可變的**。所有對字串進行操作的方法都會產生一個新字串，其中包含該方法執行的更改。

您可以透過將字串括在單引號或雙引號中來表示字串。您也可以使用三引號，這樣的字串可以持續多行。但是，換行成為此類別字串的一部分。

```
# 字串可以用單、雙、三引號括起來
fstring = "fred"
astring = 'sam'

longstring = """this can even go on for
            several lines"""
```

您可以對字串執行許多有用的操作。每個字串**方法**傳回一個新字串；原始字串不變。例如：

```
newstring = oldstring.capitalize()
```

最常見的字串方法如下：

```
lower, upper
isalpha, isdigit
replace
split (returns a List)
strip
removeprefix, removesuffix (in version 3.9 and later)
```

本章結尾的表 31-1 是完整的字串方法清單。

Python 沒有 substring 方法，但您可以使用 in 運算子來實作相同的結果。

```
if "sam" in "samuel":
    print ("sam is there")
```

您還可以使用**切片**切出部分字串。例如：

```
text = "Learning Python"
# 前三個字元
print(text[0:3]) #Lea
```

有關切片的更多詳細訊息，請查看第 34 章「Python 集合和檔案」的開頭部分。

此外，len 函式適用於字串以及清單（或陣列）：

```
num = len(newstring)
```

字元常數

Python 遵循 C 約定，空白字元可以由前面帶有反斜線的特殊字元表示。反斜線本身是一個特殊字元，所以可以用雙反斜線來表示。

'\n'	新的一行（換行）
'\r'	Enter 鍵
'\t'	水平定位符 (Tab)
'\b'	退回鍵（Backspace）
'\f'	換頁
'\0'	空字元
'\"'	雙引號
'\''	單引號
'\\'	反斜線

在這裡，我們將字元括在單引號中，但您也可以輕鬆地使用雙引號。

變數

Python 中的變數名可以是任意長度，可以是大小寫字母和數字的任意組合；但是，第一個字元必須是字母。Pythonista 喜歡在 Python 變數和函式名稱中只使用小寫字母，但有時可以透過在單詞之間添加底線來提高可讀性：

```
sum_of_pairs
```

請注意，大小寫在 Python 中是有意義的，以下變數名都指代不同的變數：

```
temperature
Temperature
TEMPERATURE
```

但是，習慣上大多使用小寫的變數名。類別名稱通常以大寫字母開頭，習慣上（但不是必需的）常數名全部寫成大寫。

Python 透過您分配給它的值來推斷變數的類型。沒有要求在使用變數之前聲明它們。

```
j = 5                      # 一個整數
xyz = 273.16               # float 型別 (double)
temp_name = "Celsius"      # 一個字串
temperature = 92.8
hot = temperature > 80     # 布林
```

複數

複數由實部和虛部組成，形式如下：

$$a + bi$$

這裡，i 是虛數，即 -1 的平方根。您可以使用 complex 方法或使用 j 表示虛部來建立複數。

```
cmplx = complex(5.43, 2.22) # 一個複數
cmplx2 = 5.5 + 2.2j         # 這也是複數
```

複數有一個實部和一個虛部，您可以直接存取：

```
r = cmplx.real
ipart = cmplx.imag
```

您可以對這些數字進行簡單的算術運算（加、減、乘和除），但通常它們會出現在像傅立葉轉換這樣的計算中。

整數除法

在 Python 中，如果你將一個整數除以另一個整數，結果不會得到整數，而是浮點數，這與其他一些語言不同。

所以以下：

```
x = 4/2
print(x)
x = 5/2
print(x)
```

將印出兩者：

```
2.0
```

和

```
2.5
```

如果您想得到除法的實際整數結果，餘數被丟棄，可以使用雙斜線或 floor 運算子。

```
x= 5//2
print (x)
```

便可以得到預期的整數結果：

```
2
```

用於初始化的多個等號

與 C 和 Java 一樣，Python 使您能夠在單一語句中，將一系列變數初始化為相同的值：

```
i = j = k = 0
```

這可能會造成混淆，因此不要過度使用此功能。編譯器產生相同數量的程式碼：

```
i = 0
j = 0
k = 0
```

您還可以在單個語句中為多個變數分配多個值：

```
a, b = 4.2, 5.6
```

這是具有歷史意義的，但它不會產生不同的程式碼。事實上，這需要打更多字，而且更難閱讀：

```
a = 4.2
b = 5.6
```

試想一個清楚地描述該陳述的句子——例如「a 和 b 被分配了值 4.2 和 5.6」。這類陳述有時會導致混淆而不是清晰。

但是，您可以使用此語法在一行中交換兩個變數的值：

```
a, b = b, a      # 交換值
```

這也適用於三個或更多變數，只是我不明白你這樣做的理由。函式可以用類似的方式傳回多個值：

```
x, y =calcFunc(z)
```

一個簡單的 Python 程式

現在我們來看一個非常簡單的 Python 程式，用於將兩個數字相加。

```
""" 將兩數加在一起 """
a = 1.75         # 賦值
b = 3.46
c = a + b        # 加在一起

# 印出加總
print("sum = ", c)
```

如果您將此程式碼鍵入任何開發環境並執行它，結果是這樣的：

```
sum = 5.21
```

來看看我們可以對這個簡單的程式做出什麼觀察：

註釋以 # 開頭並在行尾結束。您還可以用三引號將註釋括起來。這些可以持續幾行；您可以使用單引號或雙引號，但必須連續三個，且類型相同。按照慣例，您在開始註釋的 # 之後放置一個空格。

與 C、Java 和大多數其他語言（Pascal 除外）一樣，等號用於表示資料的分配。

print 功能可用於在螢幕上印出數值。在 Python3 中，要印出的變數清單必須用括號括起來。而在較早版本的 Python 2 中，印出語句不需要這些括號。

編譯和執行這個程式

這個簡單的程式在 GitHub 網站的 Pythonpatterns 目錄第 31 章資料夾中稱為 examples.py。您可以通過將其複製到任何方便的目錄，並加載到開發環境中來編譯和執行它。

算術運算子

Python 中的基本運算子與大多數其他現代語言中的基本運算子非常相似。

+	加
-	減
*	乘
/	除
%	模數（整數除法後的餘數）
//	取整（兩個浮點數相除後的餘數）

位元運算子（Bitwise operator）

位元運算子旨在對整數進行 AND 和 OR 以及補數，以添加或遮罩各個位元。

&	且
|	或
^	位元互斥 OR
~	一的補數
>> *n*	向右移動 *n* 個位子
<< *n*	向左移動 *n* 個位子

您可能對位元操作不太熟悉，所以這裡有幾個例子。在字節或整數中設置特定位的全部目的，實際上是為了讓您可以使用該數字來設置某種硬體寄存器或其他類型的 bitmap。

位元 And 有時稱為遮罩函式，它回傳一個數字，在這個數字裡，代表兩個輸入值的位元都被設為 1。所以如果我們從：

```
x = 7           # 0111, 和
z = 10          # 1010, 然後
val = x & z     # 0010, 因為一個 bit 兩邊都有設
```

OR 運算子將結果中的位設置為任一值中的位。

```
val = x | z         # 1111 是結果
```

補數運算子切換數字中的所有 1 和 0。

```
val = ~z            # 11110101  - 至 8 位元
                    # 同 -z-1, 或 -1011
```

左移和右移運算子將位向左和向右移動，並用零填入。

```
val = x << 1       # 右移一位 1110
val = x >> 1       # 右移一位 0011
```

組合算術和賦值語句

Python 允許您將加法、減法、乘法和除法與將結果分配給新變數相結合。

```
x = x + 3          # 也可以寫成：
x += 3             # 加 3 到 x; 將結果存在 x

# 其他基本的運算子也是：
temp *= 1.80       # temp 乘 1.80
z -= 7             # z 減 7
y /= 1.3           # y 除 1.3
```

這主要用於節省打字；它不太可能產生任何不同的程式碼。這些複合運算子之間不能有空格。

比較運算子

之前，我們使用 > 運算子表示「大於」。特別注意「等於」需要兩個等號，「不等於」是「！＝」：

>	大於
<	小於
==	等於
!=	不等於
>=	大於等於
<=	小於等於

輸入語句

前面的範例展示了如何使用各種運算子並印出結果。但是，如果您希望使用者輸入一些資料以供程式執行，該怎麼辦。為此 Python 提供了輸入語句，可以印出提示字串，並等待鍵盤輸入。

```
name = input("What is your name? ")
print("Hi "+name +" boy!")
```

這個小程式會詢問您的姓名，並等待您輸入字串並按 Enter。因此，產生的控制台測試可能如下所示：

```
What is your name? Jim
Hi Jim boy!
```

海萊因的粉絲可能會認出這個參考。

當然，您也可以輸入數字，但您*必須確保*將輸入的字串轉換為 `int` 或 `float`。無論您想要什麼樣的值，輸入語句總是傳回一個字串。

```
x = float(input("Enter x: "))
y = float(input("Enter y: "))
print("The sum is: ", x+y)
```

結果輸出是：

```
Enter x: 23.45
Enter y: 41.46
The sum is:  64.91
```

當然，這個單純的程式只能接受合法的輸入。如果輸入 qq 而不是 22，則會出現 Python 錯誤：

```
File "C:\Users\James\PycharmProjects\input\inputdemo.py", line 7, in <module>
    y = float(input("Enter y: "))
ValueError: could not convert string to float: 'qq'
```

當然，有一些方法可以檢查這一點，例如捕捉例外，我們將在第 34 章中解釋。

但是，您只能在基本範例中找到 input 語句，大多數需要使用者輸入的程式都是從視窗介面取得的，我們在第 2 章「Python 中的視覺化程式設計」的開頭使用 tkinter GUI 函式庫展示了這些相同的範例。

PEP8 標準

Guido van Rossum 和幾位同事在 Python Enhancement Proposal number 8 (PEP 8) 中收集並記錄了一些程式碼可讀性標準。他們指出程式碼讀取次數要比寫入的更多，並建議人們遵循這些標準。它們不是硬性規定，但被廣泛接受。

您可以輕鬆在網路上找到完整的 PEP 8 文件以及它的一些摘要說明。這些建議大致可以用一句話來總結：善用空格來讓程式碼更易讀。

變數和函式名稱

變數名應該全部小寫。為了讓較長的變數名稱更易讀，你可以使用底線來分隔名稱裡的單字：

```
sum_of_pairs
```

這種命名風格有時稱為 *snake_case*。類別中的函式（有時稱為**方法**）遵循相同的約定。

樣式的一致性比選擇哪種樣式更重要。混合大小寫並非不行，但比較罕見。但是我們也看過有些程式使用 snake case，因為這些變數名稱較難輸入。

請務必在程式碼中選擇可讀性高、有意義的變數名稱，而不是像 a 或 x 這樣的單一字元名稱。

```
apples =  boxes * capacity            # 可讀
a = b * c                             # 令人困惑
```

您還應該避免使用像小寫「L」或大寫「O」這樣的變數名稱，因為它們很容易與 1 和 0 混淆。

常數

你應該使用大寫字母來編寫常數名稱。

```
AVOGADRO = 6.02e23
```

這僅適用於你的程式碼讀者，Python 並不會強制執行這個規定。

類別名稱

類別名稱應該以大寫字母開頭，可以使用更多的大寫字母來分隔單詞，但不應包含底線：

```
class Pairs:

class CsvFileReader:
```

這種混合大小寫的命名風格稱為*駝峰式命名法*。

縮排和間距

迴圈和類別中的縮排應使用四個空格。雖然不應該使用 tab，但大多數開發環境會將 tab 轉換為四個空格。

您應該在每個新類別之前放置兩個空行，在每個新函式之前放置一個空行。（在印刷的編碼範例中，由於空間限制，有時會減少到一個空行。）

您應該在等號和算術運算子周圍放置空格：

```
y = m*x + b
```

但是，當運算子具有不同的優先順序時，例如上面的乘法符號 (*)，應只在優先順序較低的運算子 (+) 周圍添加空格。

同樣，您不該將空格放入複合運算子，例如：

```
index += 1
```

您應該在清單和其他類型的陣列中的逗號後面添加空格：

```
fruits = [apples, oranges, lemons]
```

註釋

您應該在 # 和註釋的第一個文字字元之間放置一個空格。雖然可以將註釋單獨放一行，但您也可以在任何程式碼行上添加註釋。該標準建議您應謹慎使用內嵌註釋。

如果您的註釋持續多行，您應該將它們與當前程式碼縮排對齊。

```
def addArrays(a, b):
    a[0] += b[0]        # 加一個元素
           # 這些陣列中的資料可能很大
    # 所以我們接著檢查它的大小
```

在學習一門新語言時，您最初的反應可能是忽略註釋，但它們在開始和後來一樣重要。除非您在編寫程式時這樣做，否則程式永遠不會被註釋；如果您想再次使用該程式碼，您會發現有一些註釋在您解讀該程式碼的含義時非常有幫助。許多程式設計講師拒絕接受沒有註釋的程式。

文件字串（Docstring）

如果您以三個引號開頭，您可以編寫一個註釋來描述一個持續多行的函式或類別。在類別或函式聲明之後放置註釋稱為 Docstring。您可以使用這樣的類別註釋來詳細描述這些元件。

```
""" 此模組允許您手動輸入捐款，或從 csv 檔案中讀取。捐款表是所有曾在某個時間捐款的顧客的子集。"""
```

字串方法

字串方法在表 31-1 中列出。

表 31-1 字串方法

capitalize()	第一個字母大寫
casefold() lower()	將所有字母改為小寫
center(length, char)	用空格或是選擇性的 char 參數填滿字串兩側
count(arg)	傳回 arg 字串在字串中出現的次數
endswith(char)	如果以指定的字串為結尾，回傳 True
find(argstr) index(argstr)	回傳參數字串的位置
isalnum()	如果所有字元都是字母數字，傳回 True
isalpha()	如果所有字元都是字母，傳回 True
isdigit() isnumeric()	如果所有字元都是數字，傳回 True
isidentifier()	如果所有字元都是字母、數字、底線，並且開頭不是數字，回傳 True
isprintable()	如果所有字元都是可印出的，回傳 True
isspace()	如果所有字元都是空白，回傳 True
istitle()	如果字串中所有字都是標題大小寫，回傳 True
isupper()	如果所有字元都是大寫，回傳 True
join()	將字串和其他字串的一個元組連接起來
lstrip() ljust()	回傳一個去掉前空格的字串
partition(argstr)	回傳一個由 arg 字串前的字串、arg 字串、arg 之後的字串組成的元組
replace(oldarg, newarg)	回傳一個字串，其中 newarg 取代 oldarg
removeprefix(argstr)	移除字串前綴 (vsn 3.9)
removesuffix(argstr)	移除字串後綴 (vsn 3.9)

`rfind(argstring)`	移除 arg 字串最右邊的索引
`rpartition(argstr)`	回傳由最後一個 arg 中斷的元組
`rsplit(argstr, max)`	回傳一個由 arg 字串分隔的字串清單 如果指定 max，會限制清單長度
`rstrip()`	回傳一個修剪右邊空格的字串
`split(sep)`	傳回一個由空白字元或 sep 字元分開的清單
`splitlines()`	回傳在換行符處拆開的字串清單
`strip()`	回傳修剪兩端的字串
`swapcase()`	回傳一個大小寫互換的字串
`title()`	回傳一個標題大小寫的字串

GitHub 範例程式碼

- examples.py：本章中的所有範例
- printbin.py：所有位元運算子
- inputdemo.py：說明輸入語句的用法

第 32 章

Python 中的條件判斷

我們熟悉的 C 以及 JAVA 中的 if-else 語法，在 Python 中也有類似的用法。但重要的是要注意任何條件語句都以冒號結尾，並且所有要執行的語句必須縮排四個空格。許多 Python 開發環境允許您使用 tab 來建立此縮排：

```
if y > 0:
    z = x / y
    print("z = ",  z)
```

如果要根據單一條件執行一組語句或另一組語句，則應將 else 子句與 if 語句一起使用：

```
if y > 0:
    z = x / y
else:
    z = 0
```

如果 else 子句包含多個語句，則它們必須縮排，如上例所示。請注意 else 子句還需要一個冒號來設置它。

Python 不像 Java 和 C 那樣要求 if 語句的條件用括號括起來。但是，如果您認為使用括號可以使語句更清晰，那麼使用括號並不是錯誤。

elif 是「else if」

當您連續有多個選項時，例如在下面的票價範例中，使用 if 和 then elif（代表「else if」）會很有幫助。最後一種情況可以是 else，它涵蓋了所有剩餘的可能性。

```
"""Demonstration of elif"""
if age < 6:
    price = 0    # 小孩免費
elif age >= 6 and age < 60:
```

```
    price = 35    # 大人價格
elif age >= 60 and age < 80:
    price = 30    # 老人
elif hasStudentId:
    price = 15    # 學生
else:
    price = 20    # 80 歲或以上的老人
```

組合條件

當您需要在單個 if 或其他邏輯語句中組合兩個或多個條件時，您可以使用邏輯 And、Or 和 Not 運算子。它們與 C/C++ 之外的任何其他語言完全不同，並且與第 31 章中顯示的位元運算子一樣令人困惑。

and	Logical And
or	Logical Or
!	Logical Not

在 Python 中，我們會這樣寫：

```
x = 12
if 0 < x and x <= 24:
    print ("Time is up")
```

最常見的錯誤

「等於」運算子是「==」，賦值運算子是「=」，看起來非常相似，很容易被誤用。如果您寫：

```
if x = 0:
    print("x is zero")
```

代替

```
if x == 0:
    print("x is zero")
```

您會得到看起來很奇怪的編譯錯誤，「語法錯誤」，因為片段的結果：

```
x = 0
```

是雙精度數 0 而不是布林 True 或 False。當然，片段的結果：

```
x == 0
```

確實是一個布林數，編譯器不會印出任何錯誤訊息。

Python 中的迴圈語句

Python 只有兩個迴圈語句：while 和 for。while 與 C 和 Java 中的 while 非常相似。

```
i = 0
while i < 100:
   x = x + i
   i += 1
print ("x=", x)
```

只要括號中的條件為真，就會執行迴圈。這樣的迴圈可能永遠不會執行；當然，如果您不小心，while 迴圈可能永遠無法完成。

for 迴圈和清單

在 Python 中，for 迴圈與其他語言一樣強大，但編寫起來要簡單得多。假設我們建立了一個數字陣列：

```
array = [5,12,34,57,22,6]
```

在 Python 中，這實際上稱為 *List*，但它本質上是一個陣列。我們可以遍歷這個陣列的六個成員，並像這樣印出來：

```
for x in array:
    print (x)
```

如果我們只想遍歷陣列的某個範圍，可以使用 range 函式來產生這些索引：

```
for i in range(0,5):
    print (i, array[i])
```

此範圍函式從 0 開始，並在上限之前停止：

```
0 5
1 12
2 34
3 57
4 22
```

您必須使用下面這行，來取得所有六個元素：

```
range(0,6)
```

如果您只想取陣列的中間部分，可以使用：

```
range(1,5)
```

在 if 語句中使用範圍

你可以使用 range 函式和 in 關鍵字重寫本章開頭的票價程式，來檢查變數是否在範圍內：

```
# elif Demo 使用 range 方法
if age < 6:
    price = 0     # 小孩免費
elif age in range(6, 60):
    price = 35    # 大人價格
elif age in range(61,80):
    price = 30    # 老人
elif hasStudentId:
    price = 15    # 學生
else:
    price = 20    # 80 歲或以上的老人
```

使用 break 和 continue

break 和 continue 語句提供了跳出迴圈的方法。考慮以下：

```
xarray= [5,7,4,3,9,12,6]
sum = 0
for x in xarray:
    sum += x
    if sum > 16:
        break
    print (sum)
```

當總和達到 1 或更大時，break 語句結束 for 迴圈。當然，您可以透過其他幾種方式編寫相同的程式碼來避免跳出迴圈。例如：

```
sum = i = 0
quit=False
while not quit:
    sum += xarray[i]
    print(sum)
    i += 1
    quit = sum >= 16
```

或者您可以使用疊代器：

```
xiter = iter(xarray)
sum=0
while sum < 16:
    sum += next(xiter)
    print(sum)
```

有些程式設計師認為迴圈應該只有一個入口點和一個出口點，應該避免使用 break。當您尋找錯誤時，可能很難追蹤包含 break 的迴圈。其他程式設計師則認為使用 break 更簡單、更乾淨。

continue 語句

continue 語句與此類似，只是它進入當前迴圈的底部，而不會退出迴圈。例如：

```
for i in range(10):
    if i==6:
        continue
    print(i)
```

該程式印出從 0 到 9 的數字，但省略了 6。這是一個簡單的範例，但可以輕易改寫如下：

```
for i in range(10):
    if i != 6:
        print (i)
```

Python 程式碼長度

由於早期顯示的限制，早期的 Python 程式設計師被鼓勵將程式碼長度保持在 80 個字元以下，但這不是硬性限制。儘管非常長的程式碼很難理解，但你可以在需要時編寫多行語句。

雖然您可能會寫：

```
a = b*c + d*e
```

您可以輕鬆編寫更有意義的變數名，例如：

```
apples = boxes * capacity + storage_bins * bin_size
```

為了進一步舉例，您最好將上一行寫為：

```
apples = (boxes * capacity) \
        + (storage_bins * bin_size)
```

使用續行符號，當然更具可讀性。

您也可以使用不帶連續字元的多行表達式，只要它包含在圓括號、大括號或方括號中。

```
apples = (boxes * capacity
        +storage_bins * bin_size)
```

print 函式

我們一直在亂用 print 函式，卻從未解釋過它。它只是將字串印出到控制台。如果有多個用逗號分隔的元素，Python 會將每個元素轉換為字串，並在元素之間添加一個空格。以下兩個語句：

```
age = 12
print("I am", age, "years old")
```

印出以下內容：

```
I am 12 years old
```

您可以透過在 `print` 語句中添加 `sep=` 參數，來用任何其他字元替換空格分隔符號：

```
print(5, 6, 7, 8, sep="-")
```

這產生：

```
5-6-7-8
```

通常，`print` 函式會換行終止它印出的字串，使游標移動到下一行，但你可以透過自行指定結束字元來改變這個情況——通常是空格或空字串。

```
print ("Your name is: ", end="")
print ("Susan")
```

印出的結果在同一行：

```
Your name is: Susan
```

格式化數字

假設您寫：

```
x = 4.5 / 3.22
k = 12
print(k, x)
```

您可能會驚訝 Python 印出的答案是：

```
12 1.3975155279503104
```

同樣地，如果您寫：

```
print(0.1 + 0.2)
```

Python（或幾乎任何其他語言）會印出：

```
0.30000000000000004
```

在第一種情況下，`4.5 / 3.22` 產生了一個很長的無理小數，看起來很不妥，並且幾乎沒有添加新訊息。

在第二種情況下，您期望 `(0.1 + 0.2)` 產生 0.30，但您會得到這個數字以及更多。這是因為電腦不能用二進制精確表示大部分分數，所以結果有點類似。

如果您只是想要縮減字串長度，那麼小數點下第三位，大概就是您期待的長度。您需要做的是將這些數字格式化為更少的數字：第 15 位或第 16 位幾乎不重要。

多年來，Python 實際上已經發展出三種不同的格式化方案，我們將按照複雜度由高到低的順序介紹它們。

C 和 Java 樣式格式

在這種格式樣式中，格式字串與任何所需的文字一起用引號組合在一起。最後列出要格式化的變數。

```
print("Amount: %5d Price: %4.2f" % (k, x))
```

因此，整數 k 被格式化為 5 個字元寬的十進制整數，浮點變數 x 被格式化為 4 個字元寬，小數點後有兩個小數位。結果是：

```
Amount:    12 Price: 1.40
```

儘管這種格式樣式與 C 和 Java 類似，但請注意，帶引號的格式字串與變數清單之間是用 % 符號而不是逗號分隔，且變數清單是放在括號中。

其他格式化字串是字串的 %s、十六進制的 %x，和二進制的 %b。添加 + 會強制使用加號或減號表示數字。

格式字串函式

Python 使用的另一種方法是建立格式字串，其中變數的占位與格式訊息一起括在大括號中。

```
print("Amount:{a:5d} Price:{b:4.2f}".format(a=k, b=x))
```

標籤 a 和 b 顯示了兩個數字的格式。然後 format 函式說明變數 a 由 k 代替、變數 b 由 x 代替。輸出與第一個範例完全相同。

f 字串格式化

最後一種方法是從 Python 3.6 開始引入的，是迄今為止最簡單的方法。它也被認為是最 Python 的方法。變數名及其格式訊息用大括號括起來。

```
print(f'Amount: {k:5d} Price: {x:4.2f}\n')
```

在這種風格中，不使用百分號，變數後面是同一對大括號中的格式訊息。請特別注意，f 字串是一個帶引號的字串，前面有一個字母 f，就在第一個引號之前。輸出與前兩種方法相同。

請注意，這種格式化方法會建立一個格式化的字串，然後印出來。但是，當您需要將資料格式化以顯示在某個視窗中時，這種方法非常有用，它可以使您完全控制該視窗實際顯示的內容：

```
label = f'Amount: {k:5d} Price: {x:4.2f}'
print(label)
```

逗號分隔的數字

如果您有想要提高可讀性的大整數或浮點數，可以使用逗號格式運算子來格式化數字：

```
num=100000
label = f'{num:,}'
print (label)
```

This prints

```
100,000
```

同樣地，

```
fnum=150234.56
label = f'{fnum:,.2f}'
print (label)
```

印出：

```
150,234.56
```

請注意，此處使用 .2f 來添加兩位小數。

字串

格式化字串非常簡單。您可以控製欄位的寬度和對齊方式。通常，數字是齊右的，字串是齊左的，但您可以使用 < 和 > 符號作為字串格式的一部分。

以下是正常格式的名稱清單：

```
names=["Amy", "Fred", "Samuel", "Xenophon", "Constantine"]
for n in names:
    print(f"{n:12s}")
```

這會印出：

```
Amy
Fred
Samuel
Xenophon
Constantine
```

要使字串齊右，只需在格式化字串中添加大於號：

```
for n in names:
    print(f"{n:>12s}")
```

便可以得到齊右的字串：

```
         Amy
        Fred
      Samuel
    Xenophon
 Constantine
```

格式化日期

Python 內建的 date 類別，可以表示年、月、日，datetime 類別還包含小時、分鐘和秒。此程式碼取得當前日期，然後印出格式：

```
# 取得今天的日期
todate = date.today()

# 並且格式化的印出它
print (f'Todate= {todate:%m-%d-%Y}')
```

您可以使用兩個名稱容易混淆的函式 strptime 和 strftime 將字串轉換為日期。函式 strptime 取得一個字串並將其轉換為日期格式，而函式 strftime 取得一個時間字串。

這兩個函式的其中一個用途是將日期轉換為不同的格式。例如，您可能有一個美國通用格式 mm-dd-yyyy 的日期表，您需要將它們轉換為大多數資料庫中用於日期物件的 yyyy-mm-dd 格式。

```
# 將 date 字串轉換成 datetime 物件
da = datetime.strptime("02/07/1971", "%m/%d/%Y")
ystring = da.strftime("%Y-%m-%d")
print(ystring)
```

使用 Python 匹配函式

您可能熟悉 C、C++、C# 和 Java 等類 C 語言中的 switch 語句。以下 Java 版本是典型的：

```
int tval =12;

      switch (tval) {
          case 2: System.out.println("two");
              break;

          case 3:
          case 12:
              System.out.println("3 or 12");
              break;

          default:
              System.out.println("all the rest");
              break;
      }
```

直到最近，Python 程式設計師不得不編寫大量 if 語句，或嘗試使用字典來近似 switch 語句。但是，從 Python 3.10（2021 年 10 月發布）開始，您可以使用 Python 的新 match 函式來執行類似 switch 的功能，以及其他更多功能。match 函式可以匹配簡單的值、字串和相當複雜的模式。底下是將先前的程式轉換為 Python 的範例。

```
tval = 12
match tval:
     case 2:            # 如果是 2
        print("two")
     case 3 | 12:       # 3 或 12
        print("3 or 12")
     case _:            # 任何其他的東西
        print('all the rest')
```

請注意，與 Java 不同的是，Python 不使用大括號，並且您不需要以 break 語句結束每個 case。您可以在單個 case 語句中對多個值進行 OR 運算，並使用底線代替 default 來為不匹配其他任何值的值提供 case。

同樣的方式，但與大多數其他語言不同，您也可以匹配字串：

```
name = 'fred'
match name:
    case 'sam':
        print('sam')
    case 'fred':
        print('fred')
    case 'sally':
        print('sally forth')
```

模式匹配

match 語句可以很容易地匹配更複雜的模式，但模式的描述必須由固定值組成，而不是變數。

我們來考慮一個帶有內部 x 和 y 變數的簡單 Point 類別：

```
class Point:
    def __init__(self, x, y):
        self.x = x
        self.y = y
```

您可以使用看起來很像建構子的的表達式來匹配 Point 值模式：

```
def location(point):
    match point:
        case Point(x=0, y=0):
            print("Point is at the origin.")
        case Point(x=0, y=y):
            print(f"Y={y} point is on the y-axis.")
```

```
        case Point(x=x, y=0):
            print(f"X={x} point is on the x-axis.")
        case Point():
            print("The point is somewhere else.")
        case _:
            print("Not a point")
```

因此，我們可以建立一個點，並查看它是如何匹配的：

```
p = Point(100, 0)
location(p)
```

結果匹配到模式 x=x, y=0，並且程式印出了：

```
X=100 且該點在 X 軸上。
```

此範例取自 Python 3.10 文件中有關 match 語句的教學。您還可以查看 PEP 636 文件中的延伸教學。

參考

1. 結構模式匹配教學，www.python.org/dev/peps/pep-0636/。

繼續

在這個簡短的章節中，我們看到了 Python 語言的基本語法元素。現在我們了解了這些工具，接著要來看看如何使用它們。在接下來的章節中，我們將檢查清單、函式和物件，以展示如何使用它們以及它們的強大功能。

GitHub 範例程式碼

- decisions.py：while、if、elif
- breaks.py：使用 break 的範例
- continue.py：使用 continue 的範例
- matches.py：match 函式範例

第 33 章

開發環境

您可以在幾秒鐘內從 python.org 下載並安裝當前版本的 Python。Python 的安裝包含了 IDLE——Python 的集成開發和學習環境，此名毫無疑問地是為了紀念 Monty Python 表演者 Eric Idle。

IDLE

IDLE 是一個互動式視窗，您可以輸入 Python 語句，並查看它們的作用。如果您輸入一個變數名，IDLE 會顯示它的當前值。

您還可以透過使用 File | New 開啟一個新的編輯視窗來建立功能齊全的程式，然後輸入一個完整的程式。

接著您可以透過按 F5 或選擇 Run | Run 模組來執行程式，執行結果會出現在您一開始使用的 shell 視窗中。

IDLE 在執行程式碼之前會詢問您將程式碼保存在哪裡，以便您擁有所編寫的每個程式的副本。

IDLE 是一個不錯的小型試用環境，但它有許多限制。沒有辦法單步執行程式或設置斷點來對它進行除錯，而且沒有辦法在程式執行時檢查變數的值。這可能是為初學者設計的，但 Python 的工作方式與其他語言不同，擁有這些功能可以幫助您更輕鬆地掌握 Python 的工作原理。

Thonny

Thonny 是一個免費的初學者開發環境，您可以從 thonny.org 下載。它很直觀，有一個程式視窗、一個變數視窗和一個輸出視窗。

您可以在主視窗中編寫程式碼或從檔案中導入程式碼，然後點擊 Run | Run Current Script 或按 F5。Thonny 支援斷點，您可以使用 F6 單步執行程式，並使用 F7 單步執行迴圈。在此過程中，您可以觀察到變數值的變化。

使用 Thonny 編寫相當複雜的程式是可能的，甚至可以將您的程式與現有的 Python 包結合起來。您還可以透過按 Ctrl / 空格鍵來存取關鍵字，和使用語法自動完成功能。但是，它僅在您堅持使用 Thonny 附帶的 Python 3.6 時，才提供語法自動完成功能。如果您切換到較新的版本，則會禁用語法自動完成功能。

PyCharm

PyCharm 是最流行的免費開發環境，它的語法和偵錯功能可以給你莫大的幫助。VSCODE 的功能大致與 PyCharm 相同，我們將在下面討論。這兩個幾乎被所有 Python 程式設計師使用。

PyCharm 是一個可免費下載的 Python 開發環境，可讓您使用多個檔案建立大型、複雜的 Python 專案。它具有語法突出顯示和檢查功能，並允許你使用「輸入物件名稱，並在其後面加上一個點來尋找其他 Python 物件」的方法，可能的方法會顯示在另一個視窗中。

PyCharm 擁有完整的除錯器，你可以插入斷點並檢查變數。如前所述，PyCharm 的社群版是免費的，但如果你想支援從 Python 連接到資料庫和 Django Web 框架的版本，則需要支付每年約 200 美元。該版本還可以直接使用 GitHub。

從社群版連接到 MySQL 是沒有問題的。

Visual Studio

Microsoft Visual Studio 社群版具有適用於其他 Microsoft 語言的 Visual Studio 所有功能。只要稍微花點功夫，您就可以安裝 Python 擴充套件並使用 VSCODE 這個流暢的開發環境。

在視窗最上方的搜尋欄中輸入 **Python** 可以找到這個擴充套件，這會直接顯示 Microsoft Python 擴充套件的安裝。

IDE 的使用者介面十分靈活，並提供了很多語法自動完成的幫助，但是當您執行 Python 程式碼時，它會啟動另一個控制台視窗，並執行 Python.exe 來執行您的程式碼。您可以藉由進入 Project | Properties 選單，並點擊 Windows 應用程式核取方塊來防止這種情況發生。這樣將會啟動 pythonw.exe，這是唯一一個將 Python 作為單獨進程執行的 IDE，有時會減慢開發速度。VSCODE 的啟動似乎比 PyCharm 慢得多。

其他開發環境

還有其他幾個值得一提的開發環境。

LiClipse

LiClipse 開發環境是 Eclipse 環境的輕量級，支援大量語言（包括 Python）。LiClipse 不是免費的（大約 80 美元），但它提供了一些有用的彈出視窗，對所顯示的每項功能都提供了手冊頁面說明。PyCharm 因為幾乎是零成本所以更受歡迎，但 LiClipse 確實有其優勢。

Jupyter Notebook

Jupyter Notebook 是一個開發環境，在您安裝所有底層程式碼後，作為網頁瀏覽器頁面執行。要安裝它，請使用 pip Python 安裝程式，並鍵入以下內容：

```
pip install jupyter lab
```

安裝完所有程式碼後，您可以透過鍵入以下命令，從命令行啟動它：

```
jupyter lab
```

這將啟動一個 Web 瀏覽器分頁或視窗，你可以在稱為 *cell* 的區塊中輸入小型 Python 程式。您可以從選單中執行任何單元格。該視窗實際上是針對伺服器運行的，而伺服器是通過您的命令行啟動的，並在 http://localhost:8888/lab 上運行。

此 Jupyter Notebook 視窗在你按下 Tab 鍵時提供語法自動完成功能，但沒有斷點或變數檢查功能。它使用 iPython 解譯器，且執行速度似乎比通常的 CPython 解譯器慢 10%，但 Jupyter Notebook 有助於在不寫出整個程式的情況下，規劃和測試小程式碼片段。

iPython 編譯器支援不屬於 Python 語言的附加便利函式，用於作業系統和檔案命令以及配置參數。這些被稱為「魔法函式」或「魔法」，前面有一個 `%` 符號。例如，`%cd` 可用於更改當前工作目錄。顯然，使用這些函式會將您的 Python 程式限制在 iPython 系統中。

您可以在此環境中建立 GUI 程式，但結果視窗出現在筆記本視窗下；您必須在 Windows 任務欄中找到它。

Google Colaboratory

在 Google Docs 下，您可以建立 Google Colab 文件。與 Jupyter Notebooks 一樣，您可以在程式碼 cell 中編寫小程式並執行它們。執行發生在 Google 伺服器上，因此可能會有點緩慢。Google Colab 也不允許您試用 GUI 程式碼，因為它是在 Google 的遠端電腦上執行，而不是在您的電腦上。因此，它對實際開發程式的幫助不大。

Anaconda

Anaconda 本質上是大量 Python 工具的套件管理器，這些工具在未來可能對你很有幫助。安裝 Anaconda 會新增捷徑到 Jupyter Notebook、PyCharm 以及資料視覺化和挖掘工具的鏈接。它還包括 Spyder 開發環境，它看起來很像其他開發環境，但我們發現它有很多錯誤。Anaconda 應定期更新這些工具，但對於 Spyder 這個例子來說，這沒有成功。

Wing

Wing 是一個非常不錯的 IDE，在很多方面都名列前茅。

Wing 有很好的語法自動完成功能，但它的除錯器有點難用：變數值的顯示隱藏在堆疊資料下。Wing 使您能夠為 Django Web 框架建立程式碼，但它似乎缺乏對虛擬環境的直觀支援，並且不像 PyCharm 那樣允許你自動連接到 GitHub 控制原始程式碼。Wing 不是免費的，但個人授權每年只需 67 美元；現行版本的永久授權費用為 95 美元。升級收取少量費用。

命令行執行

您也可以使用任何您喜歡的文字編輯器（Lime 編輯器很受歡迎並有語法突出顯示）。鍵入以下命令，從命令視窗執行程式：

```
py yourprog.py
```

您可能必須修改 PATH 變數以包含 Python 可執行檔案的路徑。

CPython、IPython 和 Jython

所有 Python 系統都會將原始程式碼轉換為**位元組碼**，也就是假想的電腦指令。在執行過程中，這些位元組碼被執行，使 Python 程式執行起來。第一遍編譯器是用 Python 本身編寫的，但也可以使用其他語言。位元組碼一般由用 C 編寫的程式碼執行，一般稱為 CPython。JPython 程式（現在稱為 Jython）將 Python 轉換為 Java 位元組碼，以便與 Java 程式結合使用。IPython 是互動式系統（如 Jupyter）開發的編譯器和位元組碼解譯器的自有版本，它的通用度更廣，但在相同程式碼上的執行速度比 Python 3.8 慢約 10%。

第 34 章

Python 中的集合 (Collections) 和檔案

Python 有許多不同的集合物件：清單（本質上是陣列）、元組、字典和集合。我們將在本章探討它們，以及如何從檔案讀取資料到這些集合物件中。

我們已經看到了一些使用清單的簡單範例，清單是 Python 中的陣列等價物，你可以透過在方括號內簡單地聲明內容來以程式設計方式建立清單。

```
nlist = [2, 4, 8, 16]   # 建立 list
```

然後您可以按位置存取清單的元素：所有清單都從索引零開始。

```
print (nlist[0])        # 第一個元素 2
```

您可以使用索引 -1 存取最後一個元素。

```
print (nlist[-1])       # 最後一個元素 16
```

切片

您可以透過第一個索引和最終索引來引用清單的**切片**。

```
print(nlist[0:3])  # 最開始三個元素 0, 1 and 2
```

請注意，切片從第一個索引開始，並在第二個索引**之前**停止。在第一個索引為零時，你也可以更簡潔地（也許更令人困惑地）省略它：

```
print(nlist[:3])   # 最開始三個元素
```

如果最後一個索引必須是最終的陣列索引，您也可以省略它，但這會造成不必要的混亂。

```
print(nlist[-3:])  # 最後三個元素
```

切片語句的形式是：

```
nlist[first, last, stride]
```

切片字串（Slicing String）

切片最常見的用途可能是切出一段字串。您可以從左端開始按位置引用字元，第一個字元編號為 0；或從右端開始，第一個字元為 -1。

L	e	a	r	n		P	y	t	h	o	n
0	1	2	3	4	5	6	7	8	9	10	11
-12	-11	-10	-9	-8	-7	-6	-5	-4	-3	-2	-1

你可以選擇前三個字符，從 0 開始並在 3 結束。結束索引是第一個未選擇的字元，就像在 range 函式中一樣：

```
text = "Learn Python"
# 最開始三個字母
print(text[0:3]) #Lea
```

如果省略第一個索引，則意味著從頭開始；如果省略最後一個索引，則表示要走到最後。

```
# 最開始四個 (0-4)
print(text[:4])  #Lear

# 最後四個
print(text[-4:]) #thon

# 第九個到最後一個
print(text[9:]) #hon

print(text[ln-6:ln+1]) #Python
```

第三個參數是跨步（stride），或添加到索引以取得下一個字元的數字。跨步為 2 會跳過所有其他字元。

```
print(text[0:6:2])  #Lan
```

您還可以使用切片來反轉字串：

```
# 反轉一個字串
name = "I love Python"
newname = name[-1::-1]  # nohtyP evol I
```

一次存取一個字串元素也同樣簡單：

```
nn=""
for i in range(len(name)-1, -1, -1):
    nn += name[i]
print(nn)                    # nohtyP evol I
```

負索引

字串、陣列（清單）和元組都支援負索引，其中索引 -1 表示物件的最後一個元素。但你無法得到負的「索引越界」，所有負索引都被視為模數（modulo）陣列長度。因此，在稍早的 12 成員字串中，text[-13] 將計算為 text[-13 % 12] 或 text[-1] 或 n。

字串前綴和後綴刪除

在 Python 3.9 及更高版本中，您可以選擇使用方便的方法來刪除前綴或後綴。請注意，此操作區分大小寫。

```
town = "Fairfield"
newtown = town.removesuffix("field")
print(newtown)   #Fair
farm = town.removeprefix("Fair")
print(farm)   #field
```

更改清單內容

因為陣列可以被更改（它們並非不可變的），所以您可以更改程式中的一個或多個元素：

```
nlist = [2, 4, 8, 16]   # 建立 list
nlist[2] = 300
print(nlist)
```

這給了您：

```
[2, 4, 300, 16]
```

請記住，索引從零開始，直到長度減一。

但更重要的是，你可以從一個空清單開始，不斷附加元素進去，以程式設計方式建立此類清單。

```
# 在一個迴圈中，建立一個平方清單
newlist=[]          # 空清單
while x < 10:
    newlist.append(x*x)
    x += 1
print (newlist)
```

結果是：

```
[4, 9, 16, 25, 36, 49, 64, 81]
```

您還可以將清單用作堆疊，其中 append 方法和 pop 方法用於推送和彈出清單中的最後一個元素。您也可以以相同的方式插入和刪除元素。

`lname.append(element)`	加到清單的最後面
`elem = list.pop()`	回傳清單中最後一個 item
`elem = list.pop(index)`	移除並回傳被索引的 item
`lname.remove(index)`	移除索引處的一個元素
`lname.insert(index, elem)`	在索引處插入一個元素
`Lname.sort()`	對一個 list 進行排序
`lname.reverse()`	對一個 list 進行倒序

請注意，即使您可以透過索引存取字串的元素，就像它們是陣列一樣，

```
s="Python program"
for i in range(0, len(s)):
    print(s[i])
```

您不能透過使用索引來更改字串字元：

```
s[5]="k"  # 會失敗
```

這是因為字串是不可變的。

複製清單

如果您嘗試透過簡單地編寫以下方法來複製清單：

```
alist = newlist    # 兩個都指向同一個清單
```

您會發現兩個變數都指向同一個清單。複製清單的唯一方法是一次複製一個元素：

```
blist = []          # 建立空清單
for x in alist:
    blist.append(x) # 複製元素到裡面
```

或者，您可以使用 list copy 方法，該方法會執行相同的逐個元素複製：

```
blist = alist.copy()
```

讀取檔案

將陣列或清單的內容編碼為程式的一部分的情況非常罕見。常見的情況是程式從檔案中讀取資料，而 Python 非常容易做到這一點，尤其是當資料在文字檔中時。例如，以下這個簡單的程式碼讀入一個美國州名的檔案，其中檔案的每一行都有一個名稱。

要開啟檔案，你可以使用 open 函式，它將檔名作為參數，並使用 r 進行讀取、w 進行寫入，r+ 進行讀取和寫入。預設是假設你正在閱讀文字檔案。如果是二進制檔案，則必須在 r 或 w 參數後面附加 b。

簡單的 for 語句只是從檔案中一次讀取一行。

```
""" 讀檔案到陣列中 """
DATAFILE="stateNames.txt"

f = open(DATAFILE, "r") # 打開檔案
statenames=[]           # 建立空清單


# 讀入州名
for sname in f:
    statenames.append(sname)
f.close()

print(statenames[0:4])
print(len(statenames))

This program produces
['Alabama\n', 'Alaska\n', 'Arizona\n', 'Arkansas\n']
50
```

請注意，從檔案中讀取的每個名稱後面都帶有結束字元 \n，因為每個名稱都在檔案中的單獨行上。您可以去掉這個空白字元。

```
statenames.append(sname[0].rstrip())
```

然後將產生預期的輸出：

```
['Alabama', 'Alaska', 'Arizona', 'Arkansas']
50
```

使用 with 迴圈

with 關鍵字建立一個開始迴圈的語句，因此必須以冒號結尾。

```
with open(DATAFILE, "r") as f:
    statenames=[]
    for sname in f:
        statenames.append(sname.rstrip())

print(statenames[0:3])
print(len(statenames))
```

主要區別在於 with 自動管理檔案的關閉，因此您不必擔心。

您還可以使用 readline 方法讀取單行，或使用 readlines 方法將整個檔案讀入陣列：

```
statenames=[]
statenames = f.readlines()
```

換行符也包含在每個陣列元素中。

您可以使用 w 參數以完全相同的方式編寫文字檔案：

```
with open(DATAFILE, "w") as f:
   for sname in statenames:
      f.write(sname + "\n")
```

處理例外

如果在執行 Python 程式期間發生錯誤，Python 會建立一個 *Exception* 物件。其中最常見的是當程式找不到要打開的檔案時；然後它會產生一個 FileNotFoundError。您可以輕鬆地編寫程式碼來防止程式崩潰，但下一步要做什麼取決於您自己。解決這個問題的最簡單方法是使用 tkinter 函式庫中的 filedialog。

```
try:
    f = open("shrubbery", "r")
except FileNotFoundError:
    print("Can''t find that file")
```

另一個相當常見的錯誤是除以零。這裡我們還展示了 else 子句來指示如果沒有發生例外應執行的操作。

```
x = 5.63
y = 0

try:
    z = x/y
except ZeroDivisionError:
    print("Division by zero!")
else:
    print("result=", z)
```

使用字典

字典是分組在大括號內的一組鍵值對。

```
statedict = {"abbrev":"CA", "name":"California"}
```

第一項是鍵，後面必須跟一個冒號，第二項是值。在一個字典中可以有任意數量的這樣的對。您可以使用 get 方法來取得你需要的值：

```
s = statedict.get("abbrev")
```

或者您可以提供預設傳回值，以防該鍵不存在：

```
s = statedict.get("abbrev", "none")
```

您可以建立一個如下的字典清單：

```
# 建立一個字典清單
slist = [
    {"abbrev":"CA", "name":"California"},
    {"abbrev":"KS", "name":"Kansas"}
]
```

接著可以在一個簡單的迴圈中列出州名稱：

```
# 列出每個字典中 "abbrev" 的值
for st in slist:

    s = st.get("abbrev") # 檢查是否存在
    if s != None:
        print (st.get("name"))  # 印出名稱
```

然而，這有點麻煩，使用一系列物件會更好。您可以更好地將字典用作雜湊表，並將所有狀態和縮寫對放入其中。取得結果的速度非常快，即使對於很長的條目清單也是如此。我們在這裡舉幾個例子來說明：

```
# 一個州字典作為雜湊表
states =\
{"AK": "Arkansas",
 "CA": "California",
 "CT": "Connecticut",
 "MO": "Missouri",
 "KS": "Kansas"
}
# 一個簡單的語句取得我們要的名稱
print(states.get("CT"))
```

但是假設我們想要兩個以上的條目，例如包括州首府或人口。一個簡單而優雅的解決方案是將所有這些附加值放在一個小的嵌套字典中，每個狀態一個：

```
# 一個有巢狀字典或屬性的字典
fullstates =\
{"AK": {"name": "Arkansas", "capital": "Little Rock"},
 "CA": {"name":"California", "capital": "Sacramento"},
 "CT": {"name": "Connecticut", "capital": "Hartford"},
 "MO": {"name": "Missouri", "capital": "Jefferson City"},
 "KS": {"name": "Kansas", "capital": "Topeka"}
}
data = fullstates.get("CT")   # 取得巢狀字典

# 印出州名和首都名
print ("CT " + data.get("name")+" "+data.get("capital"))
```

一般來說，將它們用作雜湊表，可以快速處理程式中的各種選項。

組合字典

在 Python 3.9 及更高版本中，您可以將兩個字典 OR 在一起並獲得一個新字典，每個條目只出現一次。

```
morestates =\
{"DE": "Delaware",
 "GA": "Georgia",
 "CT": "Connecticut",
 "MT": "Montana",
 "ND": "North Dakota"
}

mixedstates = states | morestates
for st in  mixedstates:
    print(st, end=" ")
```

這會產生一個字典，CT 只出現一次：

```
AK CA CT MO KS DE GA MT ND
```

使用元組

元組（tuple）是 Python 其中一個獨特特性，它是由逗號分隔的值或變數清單，由括號括起來：

```
tup1 = (1, 5, "fred")
dim = (200, 500)
```

元組可以被視為清單。但是，與清單不同，元組不能更改（它們是**不可變的**）。

實際上，元組除了「無法更改」這點外，它們在其他方面與陣列完全相同。您可以遍歷它們並透過索引存取它們，但您不能將新值放入其中。

Python 在內部以多種方式使用元組。其中一種常見的方式是表示資料庫查詢的結果。每行都作為元組傳回，您可以使用疊代器或索引存取元素。

雖然物件有時可能是處理這些事情的更好方法，但元組在整個 Python 中仍然存在，因為它們非常高效：一些函式會將兩個或多個變數或值作為元組傳回。您也可以自己編寫傳回元組的函式。例如，您可以編寫一個函式來計算大小寫字元，並傳回元組中兩者的計數。我們將在下一章中說明這一點。

此外，如果您有一個非常大的資料陣列並且您不希望修改，那麼元組的工作速度會更快，因為它們不需要按索引讀取和寫入值所需的額外記憶體。

使用集合

集合是值的無序集合，通常是字串或數字。您可以使用大括號建立一個集合：

```
fruit = {'apples', 'pears', 'lemons'}
fruitPie = {'apples', 'pears'}
```

然後，您可以使用 issubset 方法或小於運算子來檢查一個集合是否是另一個集合的成員。

```
fruit = {'apples', 'pears', 'lemons'}
fruitPie = {'apples', 'pears'}
print (fruitPie.issubset(fruit))
print (fruitPie < fruit)
```

您可以使用 | 運算子來組合集合：

```
# 組合集合
nuts = {'walnuts', 'pecans'}
granola = fruit | nuts
print(granola)
```

集合可以由字串或數字或兩者組成，但重複的值會被忽略。您可以建立一個空集並向其添加值，但不能編輯或刪除這些值。請注意，此處忽略重複值 2.3。請務必使用 add 方法，而不是清單中使用的 append 方法。

```
data = set()     # 建立空設定
data.add (2.3)   # 添加值
data.add (4.6)
data.add (7.0)
data.add (2.3)
print (data)
```

結果輸出不包含重複值。

```
{2.3, 4.6, 7.0}
```

您可以使用此功能透過將所有值添加到集合中，來建立唯一的值清單，例如俱樂部名稱。這在第 23 章「疊代器模式」中有介紹。

使用地圖功能

您可以使用 map 函式對陣列的每個元素（清單、元組甚至字串）執行相同的操作，只要它是可疊代的。該函式傳回一個新的可疊代映射物件，其中包含它處理過的資料。您可以使用 list()、tuple() 或 set() 函式將其轉換為清單、元組或集合。

假設您想對數值陣列的每個元素求平方，您可以寫一個 sq 函式：

```
def sq(x):
    return x*x
```

然後使用 map 函式對整個陣列進行操作：

```
ara = [2,3,6,8,5,4]
amap = map(sq, ara)
ara1 = list(amap)  # 轉換回 List

print(ara1)
在這裡產生了新的 list
[4, 9, 36, 64, 25, 16]
```

使用 map 函式比自己循環遍歷陣列更快一些。根據我們的實驗結果，它可以快 18% 左右，具體取決於您調用的函式。

編寫完整的程式

我們來編寫一個產生斐波那契數列的程式為本章劃下句點：

1, 1, 2, 3, 5, 8, 13, 21

…等。每個新值都是前兩個值的總和。您會發現此序列出現在花瓣中，例如，花瓣可能有 5、8 或 13 片。

```
""" 印出斐波那契數列 """
current=0
prev=1
secondLast=0

while current < 1000:
    print (current, end=" ") # 不換行
    secLast = prev           # 複製 n-1st 到 secLast
    prev = current           # 複製 nth 到 prev
    current = prev + secLast # 計算下一個 x 的加總
```

結果是：

```
0 1 1 2 3 5 8 13 21 34 55 89 144 233 377 610 987
```

難以理解的編碼

您還可以在同一行上使用多個賦值來編寫相同的程式。這個難以理解的程式做的是同樣的事情，但很難解釋或大聲朗讀出來：

```
a, b = 0, 1         # 賦值 a=0 和 b=1
while a < 1000:
    print(a)
    a,b = b, a + b
```

該程式在 GitHub 上的範例中稱為 fibohard.py。

使用串列綜合運算（List Comprehension）

Python 有一個獨特的快捷方式，可以在單個語句中建立陣列，稱為串列綜合運算，它具有以下形式：

```
vlist = [expression for item in list]
```

例如，您可以寫：

```
squares = [value**2 for value in range (1,21)]
print(squares)
```

並得到一個陣列：

```
[1, 4, 9, 16, 25, 36, 49, 64, 81, 100, 121, 144, 169, 196, 225, 256, 289, 324, 361,
400]
```

這完全等同於編寫更長但可能更清晰的程式碼：

```
squares = []
for value in range(1,21):
    squares.append(value**2)
print (squares)
```

您還可以將條件附加到該語句並僅產生一些值：

```
nlist = [x for x in range(20) if x%2 == 0]
print (nlist)
```

這僅產生偶數，其中 x mod 2 為零：

```
[0, 2, 4, 6, 8, 10, 12, 14, 16, 18]
```

如果看起來有幫助，您也可以在集合和字典中使用推導式。

有些程式設計師聲稱串列綜合運算會產生更高效的程式碼，然而，我們的測試結果表明，串列綜合運算被編譯為 30 字節程式碼，而 for 迴圈版本被編譯為 66 位元程式碼。它們的執行時間更接近，使用串列綜合運算執行 100 萬次程式碼需要 4.49 秒，而 for 迴圈需要 5.43 秒，這使得串列綜合運算只快了 10% 左右。表 34-1 列出了 iPython 的統計訊息。

表 34-1 串列綜合運算的效能

	綜合運算串列	串列
CPython 位元組碼	30	66
1 百萬次執行	4.49 秒	5.43 秒
IPython 位元組碼	38	52
IPython 1 百萬次執行	5.55 秒	5.82 秒

在您覺得有用的地方使用它。由於它的緊湊性，串列綜合運算被認為更容易閱讀而且更 Python。

GitHub 範例程式碼

- slicing.py：字串切片圖解
- fibo.py：基本斐波那契數列
- fibohard.py：壓縮版本
- statearray.py：使用 statenames.txt 讀取的狀態陣列
- sets.py：集合操作的範例
- exceptions.py：例外程式碼說明
- statedict.py：字典中的狀態
- maptest.py：地圖功能說明
- comprehend.py：綜合運算範例

第 35 章

函式

函式是 Python 和大多數其他語言的重要組成元素，它們是執行一組特定操作的程式碼單元。雖然函式可以在整個程式中多次調用，但在很多情況下，一個函式只會調用一次，可以將需要在程式中調用的一組操作組合在一起以便使用。

函式通常用一個或多個參數調用，並且通常在它們退出時傳回一些值。宣告函式的方法是在開頭使用 def 關鍵字，並在結尾使用括號與一個冒號。實際程式碼縮排了四個空格，就像我們前面看過的迴圈程式碼那樣。我們先來編寫一個非常簡單的函式來計算一個數的平方：

```
# 回傳輸入值的平方
def sqr(x):
    y = x * x    # 將輸入值平方
    return y     # 並且回傳它
```

函式可以建立和使用變數，正如我們在此處說明的那樣。這些變數是函式內部的；如果您嘗試在函式外部引用該 y 變數，它將被標記為錯誤。底下這個簡單的例子只是舉例說明，你也可以輕鬆地這麼寫：

```
# 回傳輸入值的平方
def sqr(x):
    return = x * x    # 回傳平方
```

當然，函式可以調用其他函式。我們可以建立一個調用 sqr 函式的多維資料集函式：

```
def cube(a):
    b = sqr(a) * a  # 用平方計算立方體
    return b
```

然後從主程式中調用函式：

```
print(xvar, sqr(xvar), cube(xvar))
```

傳回一個元組

儘管函式通常只傳回單個值，但它們可以使用元組傳回多個值。底下的簡單函式計算大寫和小寫字元的數量，並在一個元組中傳回這兩個計數：

```
# 計算大小寫字母
def upperLower(s):
    upper = 0
    lower = 0
    for c in s:
        if c.islower():
            lower += 1
        elif c.isupper():
            upper += 1
    return (upper,lower)   # 回傳一個元組

# 取得一個元組的計數
up, low = upperLower("Hello")
print(up, low)
```

程式從哪裡開始？

一旦您編寫了具有多個功能的程式，就很難確定程式實際開始的位置。當然，Python 解譯器將開始執行它找到的第一個不在函式（或類別）內的程式碼，但為了讓讀者能清楚理解並確保 Python 從您想要的位置開始，通常會將該啟動程式碼放在 main() 函式中，然後調用該 main() 函式，如下所示：

```
""" 主程式從這開始 """
def main():
    xvar = 12
    print(xvar, sqr(xvar), cube(xvar))

### 這是一個真實的輸入點 ####
if __name__ == "__main__":
    main()                    # 這裡調用 main()
```

這給出了預期的結果：

```
12 144 1728
```

完整的程式如下所示：

```
""" 一些簡單的函式 """
# 回傳輸入值的平方
def sqr(x):
    y = x * x    # 將輸入值平方
    return y     # 並回傳它

def cube(a):
    b = sqr(a) * a  # 使用平方計算立方體
    return b

""" 主程式從這開始 """
def main():
    xvar = 12
    print(xvar, sqr(xvar), cube(xvar))

### 這是一個真實的進入點 ####
if __name__ == "__main__":
    main()                  # 在這裡呼叫 main 函式
```

總結

- 您可以使用 def 關鍵字在任何 Python 程式中建立函式，後面接著函式名稱和括號，括號中可以有零至多個參數。
- 您可以從程式中的任何位置調用這些函式，包括從其他函式。

GitHub 範例程式碼

- Funcs.py：函式範例
- Upperlower.py：傳回兩個結果的函式

Appendix A

執行 Python 程式

既然您已經建立了 Python 程式，該如何執行它呢？當然，您可以在自己的開發環境中執行它，但也許您想在其他電腦上執行它或與朋友分享。

如果您安裝了 Python

如果您計劃使用的所有電腦都安裝了 Python，那麼解決方案很簡單。

在 Windows 10 中，打開 cmd 視窗並切換到 Python 程式所在的目錄。假設您要執行簡單的範例 hellobuttons.py，只需鍵入：

```
python hellobuttons.py
```

您甚至可以使用 py 快捷方式並鍵入：

```
py hellobuttons.py
```

事實上，您只輸入檔案名，程式就會啟動：

```
hellobuttons.py
```

如果您使用 Windows 檔案資源管理器顯示檔案，可以雙擊任何具有 .py 副檔名的檔案（如果它具有 tkinter 介面）將其打開。如果它只是在命令視窗中執行，則不會出現任何內容，您必須使用 py 命令在命令視窗中執行它。

請注意，如果您雙擊具有 tkinter 介面的 Python 程式，它會在背後開啟一個命令提示字元視窗。要改變這個行為，您只需將檔案副檔名改為 .pyw。

雙擊該檔案名稱，將會在後台開啟沒有 cmd 視窗的視窗 tkinter 介面。

捷徑

您也可以右鍵點擊桌面背景並選擇 New | Shortcut 來建立 Windows 圖示或捷徑。然後，您可以填寫 Python 程式的路徑（副檔名為 .pyw），Windows 將建立一個桌面圖示（參見圖 A-1）。圖 A-2 為實際的圖示。如果您喜歡的話，您還可以為捷徑選擇不同的圖示。

圖 A-1 捷徑的屬性對話框

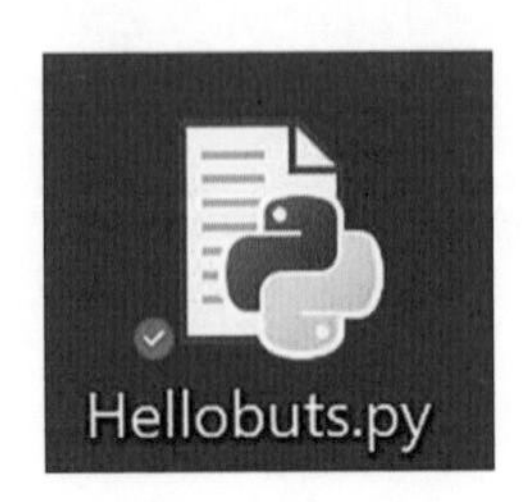

圖 A-2 捷徑圖示

建立一個可執行的 Python 程式

pyinstaller 程式將在 Windows 系統中執行 Python 程式所需的函式庫放在一起。它也適用於 Mac OS/X、GNU/Linux 和 AIX。

首先，你必須安裝 pyinstaller 程式，方法是前往 Python 安裝程式中 pip 所在的資料夾，這個資料夾通常位於：

```
"C:\Users\(yourname)\Appdata\Roaming\Python
```

然後只需輸入：

```
pip install pyinstaller
```

安裝完成後，前往你 Python 程式所在的資料夾並鍵入：

```
pyinstaller --onefile hellobuttons.py
```

此命令將在您的程式所在的位置建立一個 dist 資料夾。程式 hellobuttons.exe 大約 8MB，包含 Python 的所有支援檔案。請注意它不支援 quit 命令，你必須改用 sys.exit()。

命令行參數

您可以在命令行上將參數傳遞給 Python 程式，這些參數可能包括程式要使用的檔案的名稱、或一些特殊用途的參數。這些命令會以 sys.argv 陣列內的字串陣列的形式傳給 Python 程式。

舉個簡單的例子，假設要改變兩個按鈕的文字和 Quit 按鈕的顏色。我們可以輸入：

```
Hellobutsargs Hi Leave green
```

接著程式從 argv 陣列中取得這些參數。Sys.argv[0] 包含程式名稱，因此我們從元素 1、2 和 3 中取得三個參數。

```
leftText= sys.argv[1]
rightText = sys.argv[2]
bcolor = sys.argv[3]
```

然後將這些值放入按鈕建立語句中：

```
# 建立 Hello 按鈕
slogan = tk.Button(root,
                   text=leftText,
                   command=self.write_slogan)
```

和

```
# 建立帶有彩色字母的退出按鈕
button = tk.Button(root,
                   text=rightText,
                   fg=bcolor,
                   command=sys.exit)
```

圖 A-3 顯示了這些按鈕。

圖 A-3 命令行更改按鈕標籤的雙按鈕程式

您不必重新建立已編譯的 .exe 檔案來測試命令行參數。在 PyCharm 中，您可以選擇 Run | Edit 配置，並在參數行中輸入命令行參數。

索引

※ 提醒您：由於翻譯書排版的關係，部分索引名詞的對應頁碼會和實際頁碼有一頁之差。

符號

A

B

C

D

E

F

G

H

I

J

K

L

M

N

O

P

Q

R

S

T

U

V

W - X - Y - Z

Python 設計模式與開發實務

作　　者：James W. Cooper
譯　　者：李龍威
企劃編輯：蔡彤孟
文字編輯：王雅雯
設計裝幀：張寶莉
發 行 人：廖文良

發 行 所：碁峰資訊股份有限公司
地　　址：台北市南港區三重路 66 號 7 樓之 6
電　　話：(02)2788-2408
傳　　真：(02)8192-4433
網　　站：www.gotop.com.tw
書　　號：ACL065100
版　　次：2023 年 10 月初版
建議售價：NT$580

國家圖書館出版品預行編目資料

Python 設計模式與開發實務 / James W. Cooper 原著；李龍威譯. -- 初版. -- 臺北市：碁峰資訊, 2023.10
面；　公分
譯自：Python Programming with Design Patterns
ISBN 978-626-324-450-4(平裝)
1.CST：Python(電腦程式語言)
312.32P97　　112002486

讀者服務

- 感謝您購買碁峰圖書，如果您對本書的內容或表達上有不清楚的地方或其他建議，請至碁峰網站：「聯絡我們」\「圖書問題」留下您所購買之書籍及問題。（請註明購買書籍之書號及書名，以及問題頁數，以便能儘快為您處理）
http://www.gotop.com.tw
- 售後服務僅限書籍本身內容，若是軟、硬體問題，請您直接與軟體廠商聯絡。
- 若於購買書籍後發現有破損、缺頁、裝訂錯誤之問題，請直接將書寄回更換，並註明您的姓名、連絡電話及地址，將有專人與您連絡補寄商品。